Die
Volkslieder
des
Engadin.

Von

Alfons von Flugi.

Nebst einem Anhange engadinischer Volkslieder
im Original und in deutscher Uebersetzung.

Straßburg.
Verlag von Karl J. Trübner.
1873.

Vorwort.

Indem ich vorliegende, schon früher in einer schweizerischen Zeitschrift erschienene Arbeit nebst dem neu beigefügten Anhang von Liedern selbständig veröffentliche, darf ich wohl bemerken, daß ich diesen, freilich geringen, Beitrag zum großen Liederschatze der Volksdichtung sowie zur näheren Kenntniß eines der merkwürdigsten Alpenthäler in einer früheren, seither vielfach vermehrten und verbesserten Gestalt seiner Zeit auch Uhland (dessen hier, wie man sehen wird, oft angeführte „Schriften", besonders die über das deutsche Volkslied, damals noch nicht erschienen waren), zur Einsicht vorgelegt habe. „Die Einleitung" (der jetzige Vortrag) schrieb mir in einem ausführlicheren Briefe der hochverehrte Dichter und Forscher, „eröffnet einen erwünschten Blick in ein noch wenig bekanntes Gebiet, und die Uebersetzung läßt ein feines Verständniß der beweglichen Volksweise durchfühlen."

In dieser Uebersetzung, welche ich seither ebenfalls möglichst zu vervollkommnen bemüht war, habe ich mich so nah wie mit einer gewissen unumgänglichen und allgemein zugestandenen Freiheit nur irgend vereinbar schien, an Sinn und Form der ladinischen Vorbilder gehalten. Eine wirkliche Aenderung habe ich mir nur bezüglich des im Deutschen allzu schleppenden Versmaßes eines dieser Lieder (Anhang XII) erlaubt.

Die ladinischen Originale hatte ich ursprünglich nicht im Sinn, alle beizufügen. Schon Uhland aber, dann bezüglich des Vortrags die Redaktion jener Zeitschrift, und gelegentlich die große Mehrzahl Derer, die von dieser Sammlung sonst Kenntniß nahmen, wünschten dies durchaus; und so mögen sie auch dem jetzigen Leser nicht unwillkommen sein. Wen eine größere Sammlung von noch 36 ladinischen Liedern interessirt, findet dieselbe im dritten Hefte von Prof. Dr. E. Böhmer's Zeitschrift „Romanische Studien“.

Wo irgend ein eigenthümliches Volksleben sich entfaltet, da findet, als dessen klarster und geistigster Spiegel, auch das Volkslied eine fruchtende Stätte. Deutscher Sammlerfleiß und deutsche Uebersetzungskunst haben seit Beginn des großen Aufschwunges deutscher Dichtung nicht geruht, bis sie nunmehr aus allen Enden der bevölkerten Erde einen Schatz sich errungen haben, der an Reichthum und Glanz, an Tiefe und Mannigfaltigkeit wohl jede Erwartung jener bahnbrechenden Feuergeister weit hinter sich zurückläßt. Aber es ist vielleicht nicht am Platze, an diese so köstlichen und vielgestaltigen Erscheinungen zu erinnern, wenn man von einer Volksliederdichtung sprechen will, die nur in einem dürftigen und fast verschollenen Sprachlaut erklingt und deren Heimath ein einziges einsames Hochthal ist. Dennoch möchte wohl auch die nähere Kenntniß dieses kleinen Gebietes dem Kenner und Freunde dieser naiven und urwüchsigen Art der Dichtung nicht ohne Werth sein; hat sich doch das Volkslied seit jenen Zeiten immer mehr und immer entschiedenere Verehrer gewonnen und mochte, um nur diese beiden Stimmen anzuführen, sowohl der tiefste und reichste aller lyrischen Dichter, Goethe, in seinem hohen Alter noch äußern: „Meine frühere Vorliebe für eigenthümliche Volksgesänge hat späterhin nicht abgenommen, vielmehr ist sie durch reiche Mittheilungen von allen Seiten her nur gesteigert worden;“ — als auch einer der feinsinnigsten Kritiker Deutschlands, Varnhagen von Ense, in einer längeren Besprechung (Denkwürdigkeiten, VI. 322 ff.) kurz und trefflich aussprechen: „Anfangende Bildung, der Nationen wie der Einzelnen, mag von den Volksliedern ablenken, fortschreitende und durchgedrungene wendet sich unfehlbar zu ihnen zurück“ — und die Aufforderung beifügen: „Jeder besondere Boden und Volksschlag möge bis in's Kleinste sorgsam durchforscht werden.“

Viel sich gegenseitig mehr oder minder Widersprechendes ist von hervorragenden Geschichtskundigen und Sprachforschern über die alten Rhätier und die rhätische Sprache behauptet und vermuthet worden; doch dürfen wir dieß hier um so mehr bei Seite lassen, als ganz unzweifelhaft in der jetzigen rhätoromanischen Sprache der weitaus überwiegende Mehrtheil des Sprachschatzes römischen Ursprungs ist. Bis hinaus an Rhein und Donau hatten die gewaltigen Eroberer ihre Sprache getragen; durch die großen Wanderungen der deutschen Völker überfluthet und zurückgedrängt, hielt sie sich doch noch lange in jetzt ganz deutsch gewordenen Gegenden. Aus Tschudi (Vgl. bes. „Die uralt wahrhaftig alpisch Rhätia“) und Campell, dem „Vater der bündnerischen Geschichtschreibung", welche beide um die Mitte des sechszehnten Jahrhunderts schrieben, ersieht man, daß noch damals und nicht lange zuvor nicht nur in fast ganz Bünden, sondern auch weit nach Vorarlberg und Tyrol hinein besonders ältere Leute das Romanische noch sprachen. Erst in den folgenden Jahrhunderten zog sich die besiegte Sprache gänzlich in ihre jetzigen bündnerischen Hochgebirgsinseln zurück. Von den oberitalischen Dialekten trennte sie sich, trotz mancher Aehnlichkeiten, wie dieselben Historiker bezeugen, schon früh und immer entschiedener. Die Rauheit und Abgeschlossenheit der Berge äußerte auch hier wieder die ganz gleiche Wirkung, die Livius in der vielberufenen Stelle über die Verwilderung der Etrusker und ihrer Sprache in den Alpen so bezeichnend schildert. (Vgl. Livius V, 33 mit Campell II, 132—133). In sich zerfällt das Rhätoromanische jetzt in zwei Hauptmundarten, die ziemlich bedeutend von einander abweichen, durch verschiedene Uebergangsbildungen in zwischenliegenden Thälern jedoch wieder einigermaßen verbunden werden; es sind dieses die ziemlich rauhere Mundart des bündnerischen Oberlandes oder Vorderrheinthals, und die schon von Campell als reiner bevorzugte des Engadins, welche früher fast ausschließlich Ladin genannt wurde, eine Benennung, welche in neuerer Zeit mit Recht wieder in Kraft getreten ist. Dieses Ladin allein hat ein, einigermaßen wenigstens, wirklich selbstständiges Schriftthum und eine über vereinzelte Volkslieder hinausgehende reichhaltigere Volksdichtung gezeitigt, was hauptsächlich der Lage des Engadins und der geschichtlichen Entwicklung seiner Bevölkerung zugeschrieben werden muß.

Das Engadin, in seinem obern Theile an den klaren Bergseen, den Quellen des Inn, und am Fuße der großartigen Schneegipfel und Gletschermassen der Berninagruppe, vom Maloja bis zum rasch emporblühenden Kurort St. Moriz, im Mittelpunkt Samaden, in Pontresina und dessen herrlicher Umgebung, voll hohen landschaftlichen Reizes; ausgezeichnet merkwürdig durch die weite, lichte, mit zierlich schönen Dörfern reich besetzte Thalebene von Celerina bis Scanfs, in einer Höhe über Meer, die durchschnittlich derjenigen des Rigikulm gleichkommt; — in seiner untern, umfangreichern, fruchtbarern und bevölkerteren Ausdehnung bis hinunter zur düstern Felsschlucht von Finstermünz, wo das österreichische Oberinnthal beginnt, von felsig schroffen Berggipfeln überall umragt, voll Mannigfaltigkeit in raschem Wechsel von dunkelm Walde und grünenden Wiesen von starren Klüften und wogendem Ackergelände; — durch seine in neuerer Zeit der allgemeinsten Benutzung zugänglich gemachten heilkräftigen Quellen (St. Moriz, im untern Theile das quellenreiche Tarasp) zu immer ausgedehnterer Berühmtheit sich erhebend; — ist unstreitig eines der eigenthümlichsten und bemerkenswerthesten Hochthäler des schweizerischen Alpenlandes. „Ein solches Schauspiel," sagte bezüglich seiner Höhe, Cultur und landschaftlichen Schönheit schon vor fast einem halben Jahrhundert vom obern Engadin der große deutsche Geologe Leopold von Buch, „bietet Europa schwerlich zweimal dar."

Durch die Lage des Thales an der südöstlichsten Grenze des Freistaates der drei Bünde, in unmittelbarer Nähe und fortwährender Berührung mit dem mächtigen Erbfeinde Oesterreich und den vielbestrittenen Unterthanenlanden Bormio, Veltlin und Chiavenna, mußte auch die Bevölkerung frühe schon ein lebhafteres, aufgeweckteres Gepräge erhalten. In der That sind die ältesten, uns durch Campell leider nur in geringen Bruchstücken erhaltenen, ladinischen Volkslieder aus diesen Kämpfen hervorgegangen. Im Jahre 1475 brach zwischen Tyrol und Engadin jene blutige Fehde aus, welche von den Drohungen der Tyroler her der „Hennenkrieg" genannt worden ist, und in welcher unter Anderm vor den sich kampfgerüstet gegenüberstehenden Schlachtordnungen der wilde, riesige Martihans von Naubers von dem Remüser Gebhard Wilhelm glorreich überwunden wurde. Davon singt ein „damals gedichtetes Liedlein" (Campell II, 128—129 der Uebersetzung von C. v. Moor, welcher ich auch die Lieder selbst entnehme):

Quell da Schlander e d'Unuder a chiavalg
Haun dritzad queus ün mal cussalg:
E ha hon par daschdrür la val d'Engiadina
Che nun chiaunta giall ne gialgina.

— — — — — — — — — — — —

Marti Joan diss: mütscha, mütscha tü
Bart Gualgelm,
La vita t'cuosta, schilt et helm.
Diss el: sch'la mia vita dess a mai custar,
Vœlg eug hunur e laud chiatar.

Von Schlanders, von Nauders die Herrn hoch
zu Rosse
Einen schlimmen Rath haben sie beschlossen:
Zerstört soll werden das Thal Engadin,
Daß kein Hahn mehr kräh'n soll noch Henne
darin.

— — — — — — — — — — — — —

Martihans sprach: Flieh, flieh, du Gebhardt
Wilhelm,
Dein Leben kostet's dich, Schild und Helm.
Der sprach: und kostet's mein Leben mich,
Will Lob und Ehre gewinnen ich.

„Zur Erläuterung obiger Verse," fügt Campell hinzu, „diene, daß, während das Dorf Remüs noch in Flammen stand und der tyrolische Schlachthaufe unten in der Ebene in Reih' und Glied sich ordnete, die Engadiner aber (noch waren es bloß die von den zwei Dorfschaften Remüs und Schleins) unter der Anführung Gebhardt Wilhelms sich zum Angriffe sammelten, obgenannter Martihans in höhnendem Tone obige Worte zurief. Mit der darauf folgenden Antwort stürzte Wilhelm mit der Lanze auf ihn zu, durchbohrte ihn und drang bis zum eilften Gliede der Feinde vor, wo er, das Hall'sche Stadtbanner in Stücke zerreißend, zusammensank."

Lg pilgaa la vita, dat in lg chiamp
fadiff da soart,
Ch' l' ha undesch glyds ruott aint la
moart.

— — — — — — — — — — — — — —

La bandera dad Halla qua bain fuo
Zuond schdrammada da mez ingio.

Er fällt ihn, stürzt in den Feind so jach,
Daß vor seinem Tod eilf Reihen er brach.

— — — — — — — — — — — — — —

Das Banner von Hall, das wurde darunter
Zerrissen ganz von der Mitte herunter.

„In diesem Augenblick eilten die übrigen Engadiner vom nächsten Hügel herab den Ihrigen zu Hülfe. Bei diesem Anblick ergriff panischer Schrecken die Tyroler, welche, alle Bündner im Rücken wähnend, sich in regellose Flucht warfen."

Ein Jahrzehnt später, 1486, gerieth der Freistaat in Krieg gegen das Herzogthum Mailand. Ueber einen siegreichen Einfall der Graubündner in die Grafschaft Bormio, bei welchem „ein Theil der Wormser sogleich bei ihrem Anblick die Waffen wegwarf, und, zur Flucht gewendet, seine kleinen Kinder dafür auflud, ein anderer Theil auch mit Hinterlassung derselben, sammt den Weibern sich in schnelle Flucht warf," haben wir noch die ladinische Strophe, welche ich, wie das Obige, hauptsächlich nur deßwegen hier aufnehme, weil dieses, nebst wenigen Volkssprüchen die einzigen uns noch erhaltenen Bruchstücke älteren engadinischen Volksgesangs sind; sie lautet (Campell II, 131):

Las ligias trais rivavan,
Ils Burmins tuts a mütschar.
'Ls prüms bots ch'las ligias davan
'Ls Burmins d'temm a tramblar.
Als Grischuns puchiad venn d'las dun-
naune:
Mattauns turnad vo pouvras
Proa 'ls pitschens vos uffaunts.

Es nahten die drei Bünde,
Die Wormser jach entfloh'n,
Beim ersten Streich der Bündner
Da zitterten sie schon.
Die Grau'n erbarmten sich der Frau'n:
Ihr Weiber kehrt, ihr armen
Zu Wieg' und Kind nach Haus.

Und auch hier, wie bei dem vom Hennenkrieg angeführten Schlachtbericht (und an manchen Stellen bei Campell), finden sich, noch außer obiger Strophe, gar manche dichterisch-epische Züge, die offenbar ebenfalls diesem oder andern Liedern entnommen sind, deßwegen aber an historischer Glaubwürdigkeit gewiß nichts verlieren. So z. B. die in alle bündnerischen Geschichtsbücher übergegangene Unterredung zwischen Ulrich Massol, bündnerischem Abgeordneten (wie Campell mit sichtlichem Behagen anführt, sein naher Verwandter mütterlicherseits), und Cisermundo, Statthalter (Podestà) des Herzogs von Mailand in Worms. Da ruft Cisermundo mit herausforderndem

Tone aus: „Krieg oder Frieden mit den Bündnern ist mir so gleichgültig wie dieß Glas Wein, das hier auf dem Tische steht.“ Und Massol antwortet: „Nächstens wirst du nicht nur manches Glas, sondern viele Saumlasten Wein dafür geben, um diese Antwort ungesprochen zu machen.“ Darauf läßt Eisermundo mit der Glocke ein Zeichen geben, und bald strömen Massen Bewaffneter auf dem Marktplatze zusammen. Eisermundo triumphirt. „In der That,“ sagt ruhig Massol, „so viel Wormser sah ich noch nie beisammen,“ erklärte den Krieg und ging. — Und so mehrere andere Züge noch.

Aber auch im Innern gab es außerordentliche Fälle, die durch Lieder ausgezeichnet wurden; von einem vielbekannten über den Brand des Dorfes Remüs berichtet Campell (I, 110). Auch waren diese Engadiner, wie die Geschichte es zeigt, damals und später ein raschaufbrausendes, immer streitfertiges Völkchen; noch 1614 stellt Purchardus Baronius von Parma in seiner zum Theil trefflichen Beschreibung Rhätiens die Bewohner des Gotteshausbundes denen der beiden andern Bünde an scharfem und lebhaftem Geiste (ingenio acri et vivido) weit voran, und ganz besonders die Engadiner nennt er selbst unter diesen noch als die kühnsten und stolzesten (audacissimi sunt et superbissimi), und gegen das friedlichere Ende desselben Jahrhunderts beklagt sich über ihre Streitwuth und Prozeßsucht bitter der friedliebende Fortunat von Juvalta in seinen trefflichen Denkwürdigkeiten. Aus ähnlicher Stimmung gingen schon früh unter andern die beiden Volksreime hervor, die ich schliesslich aus Campell (II, 269) noch entnehme:

Da fœrgia da pövel s'parchiüra lg minchiun,
O ch'ell stoua ruir ün dür buccun.

Da spisa ræschgiudada,
E maschdina mal temprada,
Dad amich infentschüd,
Et fadyw in grazia ngüd,
E da fœrgia da pövel,
Ins oasta Deis a tschöwer.

Es bewahre der Thor sich vor Volkes Wuth,
Sonst wird ihm ein Brocken, zu beißen nicht gut.

Vor aufgewärmter Speise,
Arznei in falscher Weise,
Vor verfeindetem Freunde
Und versöhntem Feinde
Und vor des Volkes Wuth
Halte uns Gott in Hut.

Zu beruhigender Ergänzung ist es indessen wohl angemessen, hier auch das, noch jetzt zutreffende Charakterbild, das derselbe Campell von diesem Volke gibt, kurz anzuführen: „Ueberhaupt besitzt dies Volk viel Rechtlichkeit; nicht leicht findet sich eines, das so nüchtern und mäßig ist, so keusch und treu; nirgends herrscht so viel religiöser Sinn, dagegen neigt sich das Volk eben in Folge seiner Mäßigkeit zum Geize hin und zum Neid. — Vor allen Graubündnern zeichnen sich die Engadiner dadurch aus, daß sie für eine bessere Bildung ihrer Jugend Sorge tragen." — Und auch das wollen wir nicht unerwähnt lassen, daß der große Staatsmann und Geschichtsforscher Johann Guler, der als junger Mann gegen Ende des 16. Jahrhunderts längere Zeit sich im Ober-Engadin aufhielt, wie sein Biograph, ebenfalls ein hervorragender bündnerischer Geschichtsschreiber, Fortunat v. Sprecher, berichtet, „sein Leben lang die adeliche, gelehrte, freundliche Leutseligkeit und Umgangsart der Oberengadiner nicht ermangelt hoch zu preisen."

Diesen, oder nicht viel späteren Zeiten wahrscheinlich gehört ursprünglich die folgende, nun schon verschwindende, Sitte politischer Poesie an.

Eine engadinische Einsendung des „Bündner Tagblatt" (1867, Nr. 61) erzählt von der Wahl der Dorfobrigkeit in Schuls: „Würdig, ernst, und mit schwarzer Toga (ein langer, schwarzer Mantel) behangen, gruppiren sich die ab- und antretenden Magistrate unter freiem Himmel, während die Menge begierig auf die zu erwartenden Scüsas (Abschieds- und Antrittsreden) und Eidesleistung dieselben umstellt. Dieß Jahr hat ein melodischer Vortrag des gemischten Chors die Feierlichkeit erhöht. Früher hatte man die öffentliche Bekrittelung der Amtsführung der zarteren Jugend überlassen und gleich bei Eröffnung der Feierlichkeit brachte die Invective Humor und Witz in die Szene:

«Jò cun quatter magliadruns
Sü cun quatter âters,
Schi fuossan stats ün pa plü buns
Nu manglaiven âters.»

Nieder mit vier großen Fressern
Und hinauf mit andern vier;
Wären Jene von den Bessern,
Brauchten keine neuen wir.

Sollte dieß nur der schwach nachklingende Ueberrest wirklicher ausführlicher Spottlieder auf Abtretende und Neugewählte, und auch das Folgende nur deren prosaischer Niederschlag sein? Die Einsendung fährt fort: „In Sins hält das Amtspersonal sogar Gericht über etwaige (nur fingirte?) Amtsübertretungen, fruscas; man verdonnert sich gegenseitig nach alter Burscheaweise zu respektabeln muntas (Geldbußen); aber zuletzt vereinigt doch ein gemeinschaftliches Mahl mit flüssigem Zubehör die scheinbar streitenden Theile zu friedlichem Wirken.“

Von älterer politischer Poesie ist uns sonst nur noch ein Rügelied, beim Tode des eben so gewaltigen als gewaltthätigen Volksführers Georg Jenatsch (1639) gedichtet, übrig, welches ich in der Zeitschrift „Rätia“ veröffentlicht habe. — Gewiß Vieles dieser Art ist im Laufe der Zeit verloren gegangen.

Man hat überhaupt auch sonst die Beobachtung machen wollen, daß die Bewohner der höchsten Gebirgsthäler lebendigeren Geistes seien, als die der tieferen Thäler und der Niederungen. Beim Engadin kam dann zu den oben berührten Verhältnissen noch ein zweiter Hauptthebel seiner regeren Bildung hinzu; dasselbe ist nämlich das einzige größere romanische Thal, das sich ganz entschieden den kühnen und freien Gedanken anschloß, welche in den ersten Jahrzehnten des sechszehnten Jahrhunderts die Welt zu bewegen begannen und sich der Allgewalt päpstlicher Geistesherrschaft endlich siegreich gegenüberstellten. Aus diesem kräftigen Aufschwunge entsproßte, und in diesem Geiste hauptsächlich entwickelte sich auch das ladinische Schriftthum, die ladinische Dichtung. Durch wohl zwei Jahrhunderte hin zieht sich diese geistliche und literarische Bewegung, und bethätigt sich in einer für dieses abgeschlossene Hochthal, für eine Bevölkerung von kaum etwa zehntausend Seelen, bei einer in so engen Kreisen nur mühsam sich einigermaßen selbstständig entwickelnden Sprache, höchst rühmlichen und auszeichnenden Weise in Drama und Epos, im geistlichen Liede, in kirchlicher und geschichtlicher Prosa. In zusammenfassendem Abrisse habe ich diese Entwicklung in der Einleitung zu meinem 1865 erschienenen Schriftchen: „Zwei historische Gedichte in ladinischer Sprache aus dem 16. und 17. Jahrhundert" zu schildern versucht; weit vollständiger, und trotz mancher Irrthümer und Ueberschwänglichkeiten im Ganzen in sehr entsprechender Weise hat die gesammte rhätoromanische Literatur neulich Herr Dr. Friedlieb Rausch dargestellt in seinem Buche: „Geschichte der Literatur des rhätoromanischen Volkes, Frankfurt a. M., 1870." — Hier sei hauptsächlich nur hervorgehoben, daß sich dieses so vorwiegend geistliche Schriftthum sofort und gleich im Beginne schroff, ja feindselig der damaligen Volksdichtung entgegenstellte, welche leider auch nicht im geringsten fliegenden Blättchen, geschweige denn in ganzen Liederbüchlein, wie die deutschen Volkslieder jener und früherer Zeiten, niedergeschrieben oder gar dem Drucke übergeben wurde; hebt es doch Campell als auffallendes Wagniß hervor, daß Johann von Travers im Jahre 1527 sein „Gedicht vom Müsserkrieg" ladinisch schrieb, und daß gar Jakob Biveroni seine ebenfalls ladinische Uebersetzung des neuen Testaments im Jahre 1560 wirklich drucken ließ, was beides bisher in dieser Volkssprache niemals geschehen war. Schon der, an sich gewiß im höchsten Grade schätzbaren, dichterischen Uebersetzung der Psalmen des vielfach vorerwähnten Geschichtschreibers und Reformators Durich Campell, welche 1562 als das erste Gesangbuch in ladinischer Sprache erschien, ist eine Sammlung vermischter geistlicher Lieder von ihm und Andern herrührend, angehängt, die er folgendermaßen einleitet: „Hier folgen nun die geistlichen Gesänge und christlichen Lieder, von welchen einige in der Kirche gesungen werden vor und nach der Predigt, und auch außer der Kirche von wem da will; aber einige nur außer der Kirche, anstatt der eitlen und schändlichen (sturpgiusas) weltlichen Lieder." — In dieser Sammlung selbst führt er dann unter Andern auch den Anfang eines solchen weltlichen Liedes, eines kecken, frischen Kriegsliedes der Engadiner in französischen Diensten an, und dichtet zu derselben volksthümlichen Weise ein geistliches Lied; ein Verfahren, das bekanntlich z. B. von deutschen Kirchenliederdichtern oft und mit großem Erfolge angewendet wurde. Noch schärfer und eifriger gegen die engadinischen „weltlichen Lieder" drückt derselbe sich im Vorwort zu den Psalmen selbst aus (S. 10); was uns indessen durchaus nicht bestimmen darf, von diesem Volksgesange so sehr schlimm zu denken; an Derbheiten und Natürlichkeiten wird es hin und wieder wohl nicht gefehlt haben; dennoch aber möchte man gegenwärtig wohl so ziemlich versucht sein, einen guten Theil dieser geistlichen Lieder hinzugeben, wenn man die besseren wenigstens jener „eitlen und weltlichen" dafür zurückkaufen könnte. Erst als jener strenge Puritanergeist, der sich besonders gegen Ende des sechszehnten und im Beginne des siebenzehnten Jahrhunderts, wie überall in evangelischen Landen, so besonders auch hier auf der südlichsten Hochwacht gegen römische Wiedereroberungsgelüste zu vollständiger, und für diese Kampfzeit wohl unbedingt nothwendiger Uebermacht erhoben hatte, sich im Laufe des friedlicheren achtzehnten Jahrhunderts allmälig sänftigte, entwickelte sich wieder eine freiere und mannigfaltigere Lebensanschauung, und von da an bis in die ersten Jahrzehnte unseres Jahrhunderts jene Volksliederdichtung, welcher hauptsächlich dieser Vortrag gewidmet ist.

Aus allen früheren Zeiten ist uns, außer den oben angeführten Bruchstücken, gar nichts übrig geblieben als einige fast verschwindende Anklänge. So ist ein Liedchen, welches am ersten März die Kinder, mit Kuhglocken (zum „Einläuten" des Frühlings?) behangen in den Häusern umherziehend, und zu einer einfachen Festlichkeit Beiträge sammelnd, jährlich singen, und besonders diese Sitte selbst höchst wahrscheinlich zeitlich fernsten Ursprungs. Bekanntlich war der erste März in ältester Römerzeit der erste Tag des Jahres (vergl. u. A. Mommsen, Römische Geschichte, I, 212 d. 4. Aufl.), später unter Anderm auch ein Frühlingsfest. Nachdem z. B. Ovid (Fastor. lib. III. v. 235—249) mehrere andere mythologische und historische Gründe der Feier dieses Tages angeführt, fährt er in seinem dichterischen Festkalender ungefähr also fort: „Deßwegen auch vorzüglich wird dieser erste März gefeiert, weil in dieser Jahreszeit der eisige Winter endlich weicht, und der besiegte Schnee vor der laueren Sonne verschwindet; die Bäume belauben sich, saftvoll treiben die Knospen, auf den Wiesen sproßt das üppige Grün, die Vögel bauen ihr Nest, ein Trieb der Befruchtung dringt durch die Thierwelt, mit Recht feiern die latinischen Mütter diese gesegneten Zeiten." — Das ist nun Alles schön und passend für Rom und Latium; daß aber diese Feier, wenn auch in sehr verkümmerter Gestalt, gerade im Engadin sich so lange forterhalten hat, wo am ersten März, im Oberengadin sogar oft bis in den Mai hinein, noch

Alles unter tiefem Schnee begraben liegt (selbst im viel tieferen und südlicheren Poschiavo, wo dieselbe Sitte vorkommt, nennen sie es noch: chiamar l'erba, dem Grase rufen) und der „eisige Winter“ nichts weniger als durch „lauere Lüfte“ sich besiegt zeigt, gewiß höchst eigenthümlich. Auch die im betreffenden engadinischen Liedchen enthaltene Aufforderung, die Kühe auf die Weide zu treiben:

Chalanda Mars, chaland' Avrigl,
Lasché las vachias our d'nuilg —

nimmt sich unter diesen Umständen sonderbar genug aus. Einzelne darin vorkommende alterthümliche Ausdrücke z. B. in obigen Zeilen das von den jugendlichen Sängern selbst nicht mehr verstandene Chalanda, das calendæ der Römer, und die Bezeichnung nuilg (auch etwa uilg gesprochen — das lateinische ovile?), wofür jetzt allgemein nur stalla gebräuchlich ist, sind ebenfalls bemerkenswerth. — Volksliedchen vom ersten März, freilich ganz anders schöne und poesievolle, führt übrigens auch aus dem Alterthum und der Neuzeit Griechenlands in einer bezüglichen Abhandlung Carathéodory an (Internationale Revue Bd. I, Heft 2.), und Karl Mendelssohn-Bartholdy berichtet in seiner „Geschichte Griechenlands“ (der neueren Zeiten): „Die Kinder zogen damals (zu Frühlingsanfang im alten Athen) mit einer Schwalbe von Haus zu Haus und baten sich in keckem, übermüthigem Ton ein Geschenk aus. Auch heutzutage zieht die Straßenjugend am ersten März durch die Straßen, um den Tribut der Freude über das Neuerwachen der Natur einzusammeln; sie drehen eine hölzerne Schwalbe auf einem Cylinder herum und singen ihr Schwalbenlied." (I, 41.) In nördlicheren, obwohl weitaus milderen und fruchtbareren Ländern, als das hohe, rauhe Engadin, besonders in Deutschland, ist der erste Mai der gefeierte Tag (vergl. vor Allem Uhland, Schriften, III, 30 ff. u. d. Anm.), und selbst in Mittelitalien, wenigstens in Florenz, wird dieser letzte Tag von uraltersher gefeiert. Der liebenswürdige Dichter Francesco dall Ongaro schreibt z. B. im Juli 1866 an den Herausgeber der «Nuova Antologia» (II, 572) im Beginne der Einleitung zu seinen Liedern im venetianischen Dialekte: «Alghe della laguna, Rime vernacole»: «Voi mi domandate un fiore da mandare a Venetia per festeggiarla, secondo l'uso antichissimo di Firenze, nel Calendimaggio della sua libertà»; und aus dem höchst bemerkenswerthen jüngst in Florenz erschienenen Buche von d'Ancona: «La rappresentazione drammatica nel contado toscano» ersieht man, daß diese volksthümlichen Darstellungen «maggi» genannt werden, und höchst wahrscheinlich aus den uraltgebräuchlichen «Canzoni maggiajole», d. h. den im Mai zu Ehren dieses Monats gesungenen Frühlingsliedern hervorgegangen sind. — Uebrigens vereinigte sich früher im Engadin, wie noch jetzt im benachbarten Oberhalbstein (Ligia grischa, 1870, Nr. 9) ein etwas roherer Gebrauch mit diesem jetzt so friedlichen und fröhlichen Feste; die gesättigte Jugendkraft verlangte nach Thaten. Obige Zeitung meldet: „Nachdem die Knaben beim Mahle des Chalanda-Mars tüchtig und freudig zugegriffen, gehen sie an die Grenze ihres Dorfgebietes, wo auch diejenigen des Nachbardorfes sich einfinden. Hier nun erschallen Herausforderungen, in allerlei Kraftübungen wird um den Sieg gekämpft, und nur zu oft mischt sich Leidenschaft ein, und es setzt Beulen und blutige Köpfe."

Aus frühesten mittelalterlichen Quellen wahrscheinlich stammt ein jetzt, wie es scheint, schon ganz verschollenes Liedchen, dessen ich mich aus meinen ersten Knabenjahren noch dunkel erinnere, und welches die Verlobung und die durch die tragischesten Unfälle vereitelte Hochzeit „des Heuschrecks" (ladinisch il salip oder il sagliuot; im ältern Deutsch ebenfalls männlich: der Höuschrecke) und der Ameise in wunderlichen Versen besang. Ueber diese Art der Dichtung berichtet unübertrefflich Uhland im dritten Bande seiner „Schriften", in dem Abschnitte „Fabellieder", worin (S 75 ff.) auch von den „Thierhochzeiten" und bezüglichen Liedern bei fast allen nordischen und deutschen Völkern gesprochen wird; und in dem neulich (Torino-Firenze 1870) erschienenen: Canti e racconti del popolo italiano Bd. I, Canti monferrini, betitelt sich Nr. 100: «Il matrimonio della formica», Nr. 97 sogar «Il grillo e la formica», wobei der Referent der „Heidelberger Jahrbücher" (November 1870, S. 876), welchem ich, in

Ermangelung des Originals, dieß entnehme, ähnliche Lieder und Sagen über allerlei Thiere aus Venedig und andern italienischen Orten und auch aus Frankreich und Neugriechenland anführt.

Ebenfalls aus sagenhaften Tiefen herauf stammt wohl auch ein anderes, bei welchem Uhland's über einige dieser Lieder, welche ich ihm nebst einer Anzahl neuerer übersetzt vorlegte, in einem bezüglichen Briefe geäußerte Worte mit am entschiedensten zutreffen, daß dieselben, „wie es jetzt überall mit mündlichen Ueberlieferungen der Fall ist, schon halb im Verschwinden ergriffen werden mußten." — „Die anmuthigsten Züge," sagt er, diese engadinischen Lieder charakterisirend, weiterhin, „treten unter manchmal beinahe verblaßten hervor." — Dennoch wird, hoffe ich, jedem Freund und Kenner dieser Dichtungsart gerade dieses Liedchen um so willkommener sein, als es, gleich dem niederdeutschen Volksliede von den „Zwei Königskindern" (vgl. u. A. Uhland's Sammlung deutscher Volkslieder) an die altgriechische Sage von Hero und Leander, wenn auch in sehr viel verkümmerterer Weise, doch in den Hauptzügen — heimliche Zusammenkünfte der Liebenden, indem die Geliebte als Signal ein Licht, Fackel, anzündet; Schwimmen des Liebenden über Meer, See, Fluß; Auslöschen der Fackel durch böswillige Hand; Untergang des Schwimmers; — ganz deutlich anklingt. Ueber die außerordentlich weite Verbreitung dieser Sage in volksthümlicher Ueberlieferung und Dichtung belehren uns besonders auch Grube in seinen

„Aesthetische Vorträge“ (II, 39 ff.) und Scherer in seiner trefflichen Sammlung „Die schönsten deutschen Volkslieder“ (Anmerkung 20), wo es bezüglich jenes niederdeutschen von den Königskindern unter Anderm heißt: „Es ruht auf alter Sage, die bis nach Indien hinaufreicht. Der Stoff muß durch's ganze Mittelalter getragen worden, durch provenzalische an altfranzösische Dichter und von da zu uns gekommen sein.“ — Das engadinische Liedchen dürfte, der Form nach zu schließen, aus Italien herübergewandert sein.

«O tü marussa, o tü mia, o tü bain chara,
O schi cura, o schi di'm, poss' eu gnir
a tramalg?»

«O ve, scha tü voust gnir, schi ve a
mezza not,
Cha mia mala mamma saja ida a durmir.»

«O invüda, o schi invüda trais cleras
chandailas
Ch'eu n'hai da passar trais tridas auas.»

Mo davo man cha l'invüdeiva
Sa mala mama las stüzeiva.

La prüma aua cha el tschunchett,
Alla seguonda Dieu in agüd clamett,
E la terza il stanschantett.

Mo qua giav' ella gio sper quella riva
E cridaiva e suspiraiva.

Qua gnittan our trais bellas colombas:
«Parche cridast, parche suspürast?»

«Eu poss bain cridar, e poss bain suspirar
Meis amur cha quel ais stanschantâ.»

«Chara giuvna, pür tuorna in sü
Teis marus char quel nu vezzast plü.»

«O mamma, o mala mamma, o che bun
cuffort
S'dara quai in vossa vitta et in vossa
mort?»

„O du Liebe, o du Meine, o du Vieltheure,
O so wann, o so sprich, kann ich kommen
zu dir?"

„O komm, wenn du kommen willst, so komm
um Mitternacht,
Daß meine böse Mutter nicht erwacht."

„O zünde, o so zünde drei helle Lichter an,"
Drei schlimme Wasser sind auf meiner Bahn."

Aber so wie sie zündete die Lichter,
Die böse Mutter löschte sie wieder.

Das erste Wasser übersprang er,
Beim zweiten Gott um Hülfe rief er,
Und im dritten versank er.

Da ging sie hinunter an jenen Strand,
Und weinend und seufzend die Hände sie rang.

Da kamen heraus drei Tauben:
„Warum seufzest du, warum weinst du?“

„Ich kann wohl seufzen, ich kann wohl weinen,
Mein Liebster, daß der mir ertrunken ist.“

„Liebe Jungfrau, kehre du nur nach Haus,
Deinen Liebsten siehest du nimmermehr.“

„O Mutter, böse Mutter, und welchen Trost
Habt ihr davon nun im Leben und Tod?“

Auch der Schluß (das Ganze ist abgedruckt in „Böhmer, Romanische Studien,“ Heft III) der einzigen mir bekannten engadinischen etwas umfangreicheren Erzählung («O bap, o bap, che vaivat fat») klingt an mittelalterliche Sage an. Eine junge Engadinerin liebt einen Burschen von Schams; ihr Vater aber zwingt sie, einen Ungeliebten von Surselva (Schams und Surselva, deutsch: Oberland, sind zwei rhätoromanische, bündnerische Thäler) zu heirathen. Auf dem Wege nach Surselva gesellt sich, vom Bräutigam unerkannt, der Geliebte der widerstrebenden und schmerzerfüllten Braut dem Paare zu; die Ankunft und was sich daran knüpft, wird so dargestellt:

O qua riven infin la val Surselva
Ch'es ma sto vis usche 'na bella femna.
Qua gniten gio eir il sör e la söra:
«Saila bainvgniüda, figlia, in nossa chà!»

«La vossa figlia ma nun suna stada,
E stun sün spranza eir da ma nu gnir;
Meis temp s'aprossma chia stou bod
murir.»

Qua gnitten gio quinadas e quinats:
«Saila bainvgniüda, sour, in nossa châ!»

«La vossa sour, na, ma nun suna stada,
E stun sün spronza eir da ma nu gnir;
Meis temp s'aprossma, chia poss bod
murir.

Aunch' üna grazchia lessa giavüschar:
Üna saletta par pudair pussar.»

Qua jena sü per la visitar,
Cun pleds zuond dutschs per la cufortar.
Cufortar chi la cufortaivan,
La giunfra spusa davend dal muond
tiraiva.

«O chiar, salüda a bap id a mamma,
Di, cha lur cours ajen bain cuntantâ,
Ed il meis cour im ajen schlupantâ.»

Uoi, qua s'volvela culla fatsch' in aint,
E s'partit veja be in quel momaint.

«O chara, scha tü est morta e per mi,
Schi vœlg eir eau gugent murir par ti.»

Uoi, qua s'bütel sur ella e 'l lett aint
E s'partit veja be in quel momaint.

Uoi, allas duos jena sü cun ella,
Ed allas trais turnetten gio per el.

Ils sains da sinar aint sun stats par
sapulir,
E quels da Schons edeir tils raspundeivan
Per tant grond bain, chia quels duos
as leivan.

Uoi, i sül tömbel da quella bella
Craschiva sü üna flur da chiaminella;
Uoi, e sül tömbel da que bel mat
Craschiva sü üna flur nusch nuschiat.

Per tant grond bain cha queus dus as
leivan,
Parfin las fluors insemmel as brancleivan.

O da gelangten nach Surselva sie;
Nie früher sah man solch' ein schönes Weib;
Her eilten Schwiegervater, Schwiegermutter:
„Willkommen, Tochter, seid in unserm Hause!"

„Nein, eure Tochter bin ich nie gewesen,
Und bin der Hoffnung auch, es nie zu werden;
Es naht die Zeit mir, da ich bald muß
sterben."

Da kamen Schwäger auch und Schwäge-
rinnen:
„Willkommen, Schwester, sei in unserm Hause."

„Nein, eure Schwester bin ich nie gewesen,
Und bin der Hoffnung auch, es nie zu werden;
Die Zeit, sie naht mir, da ich bald kann
sterben.

„Noch eine Lieb' und Güte möcht' ich wünschen:
Nur eine Kammer, wo ich könnte ruhen."

Da gingen sie hinauf sie zu besuchen,
Mit gar so süßen Worten sie zu trösten.
Je mehr sie Trost ihr sprachen zu und sprachen,
Die junge Braut der Erde sich entwandte.

„O Liebster, grüße Vater mir und Mutter,
Sag', daß ihr Herz vielleicht sie wohl erfreuten,
Mein Herz jedoch, das haben sie gebrochen."

Weh, da das Antlitz wandte sie nach innen,
Und schied im selben Augenblick von hinnen.

„O Liebe, da du starbst, und starbst um mich,
So will ich gerne sterben auch um dich."

Weh, da sich warf er über's Bett und sie
Und schied im selben Augenblick dahin.

Ach! um die zweie trug man sie hinaus,
Und um die drei um ihn kam man herein.

Die Hochzeitglocken läuteten zu Grabe,
Und die von Schams antwortend auch erklangen
Um dieser großen, treuen Liebe willen.

Seht, auf dem Grabeshügel jener Schönen
Wuchs eine feine Blume von Camillen;
Seht, auf dem Grabeshügel jenes Knaben
Sproß eine feine Blume von Muscaten.

Um dieser Zwei so großer Liebe willen
Sogar die Blumen liebend sich umfingen.

Deutlich erinnert dieß in der That an die im Mittelalter in allen Sprachen verherrlichte Sage vom der Rebe und Rose auf den Gräbern der damaligen Urbilder aller Liebenden, Tristan und Isolde, und an ähnliche Dichtungen, deren z. B. Willatzen in seinen höchst eigenthümlichen „Altisländische Volksballaden“ (S. 130—134) aus irländischen, englischen, norwegischen, schwedischen, rumänischen, neugriechischen, serbischen, spanischen und portugiesischen Volksliedern treffliche anführt. — Auch die Sage: „Vom Mädchen, das in den Krieg zieht“, welche in portugiesischen, italienischen, slavischen und neugriechischen Volksliedern vorkommt (vgl. Bellermann, Portugiesische Volkslieder und Romanzen, 183 und 267), erinnere ich mich, in einem ladinischen Liedchen im Verlaufe meiner Forschungen gesehen, doch leider nicht gehörig beachtet zu haben. — Sonst kann auf ein einigermaßen alterthümlicheres Gepräge (oder sollten wir das Mädchen, dessen ganzes Erbe [Anhang XII] „ein Acker nur, der Rosen trug“ auf Grimhilde und ihren Rosengarten in Worms oder ähnliche deutsche Sagen und gar den Apfel als Preis des Sieges [Anhang II] auf das hellenisch-mythologische Urtheil des Paris zurückführen dürfen?) wohl nur noch ein in den ersten Jahrzehnten dieses Jahrhunderts noch oft gesungenes Hochzeitslied (beim Heimgeleite?) etwelchen Anspruch erheben, welches ich zum Schlusse dieses Rückblicks noch anführen will.

Ad eira ün paşcheder chi giaiva paşchand,
Zieva la riva cha 'l giaiva chantand:
Eviva l'amur!

Mo pasçher cha el pasçhaiva
Üna bella matta cha el chattaiva:
Eviva l'amur!

Co la piglet el par sias bels mauns alvs,
E la mnet a la frasçha sumbriva:
Eviva l'amur!

Eviva l'amur da co infin sün porta,
Eviva l'amur da quella giuvna scorta!

Eviva l'amur da co infin suler,
Eviva l'amur da que giuven bel!

Eviva l'amur da co infin süm üsch,
Eviva l'amur, cha lo la dum ün bütsch.

Eviva l'amur da co fin in stüva,
Eviva l'amur da quels chi haun vintüra!

Eviva l'amur da co fin sün chambra,
Eviva l'amur da quel bel pêr chi 's ama!

Ein Fischer fischte das Ufer entlang,
So lang er fischte, erklang sein Gesang:
Es lebe die Liebe!

Und wie er da fischte fort und fort
Ein schönes Mägdelein fand er dort,
Es lebe die Liebe!

Da nahm er sie bei der weißen Hand
Und führte sie in den frischschattigen Wald;
Es lebe die Liebe!

Es lebe die Liebe bis zum Haus,
Es lebe die Liebe der jungen Frau!

Es lebe die Liebe bis in den Gang,
Es lebe die Liebe des jungen Gemahls!

Es lebe die Lieb' bis zur Stubenthür,
Es lebe die Lieb', einen Kuß gib mir.

Es lebe die Lieb' bis zur Stube hinein,
Es lebe die Liebe! mögt glücklich ihr sein!

Es lebe die Liebe bis in die Kammer,
Es lebe die Liebe in ewiger Flamme!

Das neuere engadinische Volkslied entwickelte sich, wie schon oben bemerkt, in bestimmtem Gegensatze gegen die geistliche Einseitigkeit, und gab dieser Thatsache den lebhaftesten Ausdruck, indem es sich selbst, wie früher, das „weltliche" Lied nannte; »chanzuns mondanas« ist der stehende Titel fast aller dieser kleinen und vielvergriffenen handschriftlichen Sammlungen, aus welchen ich hauptsächlich schöpfte, und sogar einzelner Lieder. Dennoch ist dieser Gegensatz vom Volksliede aus nie ein nur irgend feindseliger geworden, und so satyrisch dasselbe oft gelaunt ist, so hat es, meines Wissens, doch nie für die erlittene Unbill Rache geübt, und mit keiner Silbe weder die Dogmen und Gebräuche, noch selbst die Diener seiner Kirche auch nur berührt. Im Gegentheil tritt bei diesem im Ganzen so entschieden religiös gesinnten Volke nicht nur bei an sich schon ernsten Gegenständen, sondern selbst in Liedern, besonders in ältern, wo die fröhlichsten Dinge, wo

Frühling und Liebe begeistert gefeiert werden, jener geistliche Klang oft noch nicht nur begleitend, sondern beinahe herrschend hervor. Erst nach und nach entwuchs der größte Theil derselben auch diesem immerhin etwas fremdartigen Einflusse, und gestaltete sich zum freien, weltlichen Volksliede.

Ueberblicke ich nun das mit vielfacher freundlicher Hülfe Gesammelte, so tritt zuerst unzweifelhaft hervor, daß uns von dem überfließenden Reichthum früherer Zeit nur spärliche Reste noch mühsam zu erhaschen vergönnt war. Doch ist dieß wohl bei fast allen solchen Sammlungen, und gerade bei denen der größten und gebildetsten Völker (vgl. bezüglich des deutschen Volkslieds Uhland's Schriften, bes. Bd. III, S. 7 u. a. a. O.) mit am entschiedensten der Fall. Ueberall, so scheint es, weiß der Mensch ein holdes Gut erst dann recht zu schätzen, wenn es ihm völlig zu entschwinden droht. — Ein eigenthümlicher Unstern wollte dann noch, daß eine arme, alte Frau, von welcher mir wiederholt versichert wurde, daß sie einen ganzen Schatz älterer und späterer Lieder in treuem Gedächtnisse bewahrt gehabt, wenige Jahre bevor ich meine Nachforschungen begann, in den Fluthen des Inn ihrem Leben ein Ende gemacht hatte.

Etwas bedenklich erscheint wohl bei näherer Durchsicht, daß manches immer wieder vorkommende und offenbar vielgesungene Lied nicht einheimischen Ursprungs ist. Besonders beliebt waren einige früh übertragene ältere deutsche Volkslieder, die wahrscheinlich aus Tyrol, oder von Davos und Prättigau eingewandert sind, z. B.: „Es steht eine Linde im tiefen Thal“ (Suot ün• bel bösçh stant duos amants); „Es ist ein Schnee gefallen, War noch nicht an der Zeit“ (Id ais gnieu gio la naiv Chi nun eir'aunch il temp); „Warum bist du denn so traurig, Bin ich aller Freuden voll“ (Chera, perché'st usche smissa; et eu sun d'algrezchia plain) — und andere mehr. Aber auch aus Italien und Frankreich hat die schon im letzten Jahrhundert sehr bedeutende Auswanderung der Engadiner Manches mitgebracht. Seit jenen kriegerischen Zeiten, die uns in den aus Campell oben angeführten Bruchstücken älterer engadinischer Volkslieder entgegentraten, war nämlich im Leben dieses Völkchens ein merkwürdiger und vollständiger Umschwung eingetreten. Früher ziemlich abgeschlossen in ihren Bergen lebend, so daß selbst gegen Ende des sechszehnten Jahrhunderts die periodische Auswanderung so gering war, daß Campell deren nur ganz vorübergehend, bei Gelegenheit einer Volksanekdote erwähnt, sonst aber geradezu sagt, ihre Haupterwerbsquellen bestehen in Ausfuhr von Getreide, Vieh, Käse, Fischen, hatte diese Auswanderung, seit dem Anfang des siebenzehnten Jahrhunderts so sehr zugenommen, daß schon damals der oben angeführte Baronius im Gegensatz zu ihrem Stolz, ihrer Kühnheit und Lebhaftigkeit im Lande selbst, ihre sehr demüthige und fügsame Haltung im Auslande (amittunt spiritus illos — demisse serviunt) hervorzuheben sich veranlaßt fand, und dann Sererhard (Einfalte Delineation der Gemeinden dreyer Bünde, 1742, herausgegeben von C. v. Moor, 1871) dieselbe als die Haupteigenthümlichkeit und vorzüglichste Einnahmsquelle der Engadiner bezeichnen konnte. Die deutlichsten Spuren davon finden wir nun auch in den kleinen Sammlungen engadinischer Volkslieder. Neben vielfachem schmelzendem Gewimmer, das deutlich an die Schäferpoesie der Rococozeit erinnert, blickt hin und wieder ein helles, französisches Volksliedchen auf; selbst die Marseillaise findet sich ein; Italien schickt Fischerlieder und Volksreime; die deutsche Schweiz ihre heimeligen Klänge; Alles in mehr oder minder getreuer oder gelungener Uebersetzung. — Sieht man sich indessen die Sache genauer an, so bleibt doch weitaus die Mehrzahl der Lieder als unbestrittenes Eigenthum engadinischen Geistes bestehen, und natürlich nur von diesen kann hier weiter die Rede sein. Doch wird man es gewiß sehr erklärlich finden, daß bei einer so kleinen und auswanderungslustigen Völkerschaft, auf der Grenze zweier großer, dichterisch so entwickelter, an Volksliedern so reicher Sprachen, wie die deutsche und italienische, und in fortwährender Berührung mit beiden, mannigfache Einflüsse auch auf wirklich einheimische Erzeugnisse nicht ausbleiben konnten. Man wird auch beim Durchblättern der im Anhange beigegebenen kleinen Auswahl in manchem scherzhaften Liedchen eher italienische, in gefühligeren deutsche Anklänge finden können. Das Ganze in's Auge fassend, darf indessen, glaube ich, doch behauptet werden, daß dieser, Zustände und Empfindungen, die wesentlich überall die gleichen sind, in feinen, scharfen, lebendigen Umrissen wiedergebende Volksgesang dem Charakter des engadinischen Volks ganz eigentlich entspricht, und ein, wie geringes immer, doch eigenthümliches Gewächs ist; ein wildes Alpenblümchen im großen, reichen und vielgestaltigen Kranze der Volksdichtung.

Wenn die Gesammtheit aller engadinischen Lieder, die mir schon vorgekommen, und von welchen die wenigen im Vortrag und Anhang beigebrachten nur gleichsam die Blüthe, und jedenfalls den weit geringsten Theil bilden, in kurzen Zügen näher charakterisirt werden soll, so sind zuvörderst einige Hauptgruppen hervorzuheben, die aus dem Gewühle entschieden emporragen. Vor Allem gaben die häufigen Abschiede und Wiederkünfte Auswandernder treffliche Gelegenheit, ein dichterisches Licht leuchten zu lassen, dessen Erzeugnisse, wenn irgend glücklich, den Augenblick oft weit überdauerten, und immer wieder zu neuen Ehren gezogen wurden. Das folgende, nicht wie die meisten als Gesellschaftslied gefaßt, sondern lyrisch-epischer Erguß des Ausgewanderten selbst, durch eine gewisse herbe Kraft, und, wie mir scheint, an manchen Stellen recht ergreifenden Gefühlsausdruck sich auszeichnend, sei hier eingeschaltet. Gar viele andere sind reiflich melodischer und sangbarer.

Taglé que ch'eu völg dir
Cun grand' affliczion,
Ardaint a mia partir
Sun schi del bun.

Vus femnas, chi vivais
Felices s'pò nomner
In quist beô pajais
Sainza pisser.

Nus oters povers mats
Disfortünos bain zuond
Da non vair stabel plaz
Brich in quist muond.

Que chi am fo dolur
Es da stuvair lascher
Ma mamma e mias sours
E mia bap cher.

Il Segner po savair
Scha varons quella sort
Da'ns pudair tuots revair,
O scha sum mort.

Siand il di rivô
Cha tuot eira decis,
Piglio he cumiô
Da chi he vis.

Il vih sum passo giò
Sulet cun mia bap cher
Ils sains haun cumanzô
Tuots a suner.

Paraiva be cha quels
Cuntschessan mia dulur,
Cha quel di vaiv' in me
Aint in mieu cour.

Ma gio tal lei allur
Sum ieu cun ardimaint,
Pigliô tuot mia dolur
E bütto aint.

Cumbôt he banduno
L'Ingiadina daffat
Piglio he cumio
Eir da mias bap.

Impisser vus pudais
Cu chi staiv' il cor mieu
Da nu 'vair pü dels mieus
Oter cu Dieu.

A quel m' he eu surdô
Dalum in quel momaint,
Il rest he tuot smanchiô
E füt cuntaint.

Scu ün tapfer sudô
M'he eu bain miss aqui
Chi vo cul cour sfranô
Vers l'inimi.

Süls cunfins sun rivô
Da nossas Ligias trais,
Allur he eau clamô:
Adieu, pajais!

Cur tiers vus tuorn nun se;
D'intaunt ste tuots adieu;
Nu poass dir oura che
Cha ean he nel cour mieu.

Viver cuntaints pudais;
Eir eu l'fess in vardet,
Scha turner nel pajais
Suschess da liberted.

Nun hört mein klagend Wort,
Mein Wort voll Leid und Schmerz,
Gar bald nun muß ich fort,
Ach, 's ist kein Scherz.

Beglückt sei stets genannt,
Ihr Frauen, euer Loos,
In diesem sel'gen Land
Der Sorgen los.

Wir armen Knaben, ach!
Welch' herbes Loos uns fällt,
Kein bleibend Dach und Fach
Auf dieser Welt.

Das ist mein größtes Leid
Nun zu verlassen gar
Die theuren Eltern beid'
Mein Schwesternpaar.

Und Gott allein erkennt
Ob einst uns wird das Glück,
Daß ich vor meinem End
Noch kehr' zurück.

Da nun der Morgen kam,
Wo alles fertig war,
Von All'n ich Abschied nahm,
Die ich nur sah.

Das Dorf hinab ich dann
Mit meinem Vater ging,
Mit allen Glocken es an
Zu läuten fing.

Es schiengrad als ob sie
Auch kennten meinen Schmerz,
Der mir in jener Früh
Fast brach das Herz.

Doch ich, zum See abwärts
Nun schritt ich kühngemuth,
Warf allen meinen Schmerz
Dort in die Fluth.

Und als die Grenze kam
Des Engadins, darauf
Von meinem Vater nahm
Ich Abschied auch.

O denkt, nun um mich her —
Wie stand's um's Herze mein!
Keins von den Meinen mehr
Als Gott allein.

Dem übergab ich mich
Sogleich zur. selben Stund',
Da ward, der Schmerz entwich,
Mein Herz gesund.

Wie ein tapfrer Soldat
Alldort mich faßt' ich gleich,
Der muthig kühner That
Entgegeneilt.

Und als ich auf der Mark
Der dreien Bünde stand,
Da rief ich laut und stark:
„Leb' wohl, mein Land!"

O wann kehr' ich zurück?
Indeß nehmt meinen Gruß;
Das tiefste Leid und Glück
Ich still verschweigen muß.

Ihr, allen Unmuth bannt;
Froh' wollt' auch ich wohl sein,
Könnt' ich zum schönen Land
Der Freiheit heim.

Nächst den Auswanderungsliedern riefen dann natürlich auch besonders die in diesem einfachen Leben in ihrer unbedingten Wichtigkeit doppelt fühlbar hervortretenden Ereignisse, Geburt, Hochzeit, Tod, die poetische Schöpfungskraft immer wieder auf. Besonders war der letztere, der Tod, nicht in so wilder und blutiger Weise, aber doch (wie schon in der Zeitschrift „Das Ausland", 1868, Nr. 15, von anderer Seite bemerkt wurde) einigermaßen ähnlich wie in Corsika, bis vor wenigen Jahrzehnten ein Lieblingsgegenstand dichterischer Darstellung. Es gibt noch eine Menge von Leichenklagen, alle natürlich so ziemlich von gleichem Gepräge, wo auch, wie. sich in den voceri jener Insel „der lyrische Ausdruck zum dramatischen steigert“ (Heyse, Vorwort zu seinen „Italienischen Volksliedern“), Vater, Mutter, Geschwister, Braut und Bräutigam, Ser Barba (Onkel) u. s. w. redend und klagend eingeführt sind, und der Todte, dessen treffliches Leben und trauriger Hinscheid eben vorher erzählt worden, Allen antwortet, Alle tröstet, er befinde sich in aller himmlischer Seligkeit, nimmer möchte er zurück, sie sollen es ihm gönnen und nicht so sehr trauern, und was alles der Stoff und die Verhältnisse mit sich brachten. An Kraft und Glanz dichterischer Ausführung können diese Lieder freilich mit jenen nicht entfernt einen Vergleich aushalten; doch blitzt wohl hin und wieder irgend ein kräftiger, schöner Gedanke aus der im Ganzen ziemlich konventionellen Reimerei um so überraschender wohlthuend auf. — Die Abfassung dieser Todtenklagen wurde nach und nach zum wirklichen Gewerbe, und besonders auch, wieder wie in Corsika, Frauen traten als Dichterinnen derselben auf. Ueberdieß bestand die schon bei den alten Römern und so manchen andern Völkern gebräuchliche Sitte eigens bestellter Klageweiber im Unterengadin bis in unsere Tage hinein noch fort; und auch heute noch ist es unumstößlicher Brauch, daß bei Begräbnissen die nächsten Verwandten rings um den Sarg sitzend „das Leid abnehmen“, und alle Pfarrer der Umgegend, vor denselben tretend, nacheinander kurze Ansprachen an die Trauernden und an die ganze Versammlung halten. — Aus katholischen Zeiten gewiß stammt ferner der Gebrauch, daß, während sonst Alle in einfachem schwarzem Sarge beerdigt werden, bei Jünglingen, Jungfrauen, Kindern, überhaupt allen unverehelicht Gestorbenen, besondere Kränze und Blumen denselben schmücken. Menschlich schöner und sinniger scheint mir die Sitte, von welcher noch im Mai 1870 das „Bündner Tagblatt" aus Sins meldete, daß eine in den (ersten?) Wochen gestorbene Frau nach dortigem Brauch von Jungfrauen zu Grabe getragen wurde. „Gewiß," fügt das Blatt bei, „wird auch diese Alterthümlichkeit des alten Latiums bald untergehen. Die altrömischen Klageweiber bei Todesfällen sind auch bereits untergegangen."

Eine dritte und vielleicht die umfangreichste und von den in der übersetzten Auswahl nicht vertretenen jedenfalls die dichterisch erfreulichste Gruppe bilden die satyrischen und moralisirenden Lieder. Von Dorf zu Dorf verfolgten sich oft sehr hitzige und witzige Spottgesänge; jedes irgend Aufsehen erregende komische Ereigniß, jede lächerliche Situation, die Berufung eines Kapuziners nach Pontresina, um die Plage der Heuschrecken zu bannen, der Hochmuth des einzigen katholischen Dorfes, des bis 1850 zu Oesterreich gehörigen Tarasp, der „Rose unter Dornen", auf seine alleinseligmachende Lehre, die erfabelte Erschießung eines Esels statt eines Bären durch die Jäger von Samaden, ein Gespensterspuk, der Streit zweier keifenden Nebenbuhlerinnen, ein unschlüssiger Freier, der über alle möglichen schlimmen Arten von

Frauen bedenkliche Heerschau hält, und Aehnliches, wurden mit Begierde erfaßt. — Der von Natur moralischer Betrachtung vorzugsweise zugewandte Sinn fand dann auch immer auf's Neue in der wirklichen oder wohl meist übertriebenen Verkehrtheit und Verderbtheit der jedesmaligen Zeitläufte Stoff übergenug zu langathmigen Strafgedichten. — Leider können von all' diesen Liedern, so vielverbreitet manche auch waren, und so ergötzliche und treffliche Einzelnheiten auch darin vorkommen, doch nicht wohl recht charakteristische Proben hier angeführt werden, weil gerade die besten von zahlreichen, nur dem Einheimischen, ja manchmal nur dem Zeitgenossen verständlichen oder genießbaren Anspielungen und Beziehungen überfüllt sind. Auch der häufigen kläglichen Litaneien über Unfälle, Mordgeschichten u. s. w. sei hier nur vorübergehend gedacht. Und ebenso mögen die zahlreichen erbaulichen Lieder auf sich beruhen bleiben. — Gewiß merkwürdig dagegen wären, wenn man ihrer noch habhaft werden könnte, Lieder über Bärenjagden, die, wie es scheint, in ernsterem und fast heldenmäßigem, doch mitunter auch in komischem Tone gehalten, in früheren Zeiten öfter sollen gesungen worden sein. Mir ist leider keine Spur davon aufzufinden möglich gewesen. — Wer indessen sieht, wie noch in unseren Tagen jede einigermaßen gelungene und interessante Jagd auf diesen räuberischen König unserer Thierwelt (auch im altgermanischen Thierepos soll der Bär ursprünglich, statt des Löwen — im Reinecke Fuchs u. s. w. —

als Herrscher gefeiert worden sein) in allen Zeitungen mehrfache und umständliche Beschreibungen hervorruft, wer gar selbst an irgend einem bedrohten Orte den Schrecken der ersten Berichte, die mannigfach sich drängenden Erzählungen, den Aufbruch der Jäger, deren schließliche siegreiche Heimkehr, und die laute, begeisterte Begrüßung durch die erwartungsvoll harrende Menge, etwa miterlebt hat, wird sich keineswegs darüber wundern, daß diese erregten Stimmungen und besonders dann die spannenden Erzählungen des oft nur zu gefahrvollen Abenteuers selbst in älteren Zeiten in Liedern und Balladen ausgesprochen und dargestellt wurden.

Von neueren politischen Liedern ist nicht viel zu finden. Außer mehreren neueren, in den Zeiten des Sonderbundes (Herbst 1847 durch eidgenössische Besatzung aufgelöst) gedichteten, und, wie gemeldet wird, der patriotisch-kriegerischen Aufregung des protestantischen und freigesinnten Engadins sehr willkommenen Klängen, ist nur noch ein etwas älteres Parteilied, besonders im Unterengadin vielfach noch vorhanden. Dasselbe ist aus dem sonst, so viel ich aus mündlichen Berichten und dem wenigen mir schriftlich Vorgelegenen entnahm, an weltlichen Volksliedern armen, dagegen an religiösen, besonders Marienliedern und Heiligenliedern schon ziemlich reicheren Vorderrheinthal (Oberland) herübergekommen, scheint indeß dort nicht mehr auffindbar, und ist aus den schweren politischen Wirren, die zu Ende des vorigen Jahrhunderts (1794 und folgende

Jahre), besonders jene Gegenden, in Aufruhr versetzten, hervorgegangen; dortige hochgestellte Männer damaliger Zeit werden darin sehr deutlich gekennzeichnet und scharf satyrisirt. Die dichterische Einkleidung ist, wie mir scheint, höchst gelungen: die Mäuse haben gesiegt und spotten die Katzen aus; der Refrain: »Miau, miaumali, miau, miau, miau«. Es soll im Unterengadin, obschon vieles Einzelne schon längst nicht mehr verständlich war, als „demokratisches" Parteilied gegen die „Aristokraten" noch vor wenigen Jahrzehnten, also gewiß ebenfalls zur Zeit des Sonderbundes, oft erklungen sein.

Die reinste und schönste Blüthe auch dieser Volksliederdichtung entfaltete sich jedoch in der nicht geringen Anzahl von Liedern der Liebe, und dahin bezüglicher, glücklicher oder trauriger, schalkischer, fantastischer oder inniger Verwicklungen und Empfindungen; dann auch in einigen ganz scherzhaften Liedchen. Aus solchen hauptsächlich besteht die kleine Auswahl im Anhange. — Weniger gelungen sind meist die noch öfter vorkommenden und vielleicht in früheren, einfacheren und geselligeren Zeiten am häufigsten gesungenen Gesellschaftslieder, Tanzlieder u. s. w., welche dennoch den Werth wenigstens haben, uns einigermaßen in dieses anspruchslose Volksleben einzuführen. Obwohl in geselligen Kreisen natürlich die Lieder aller Gattungen gesungen wurden, erschienen doch diese besonders dafür gedichteten oder daraus hervorgegangenen wohl meist als die passendsten. Für Alt und Jung zugleich die fröhlichste und verbreitetste Geselligkeit boten, besonders in allen wohlhabenderen Häusern, die Tage dar, an welchen, bei Beginn des Winters, das Nöthige und Ueberflüssige an Fleischwaaren eingeschlachtet und bereitet wurde; es war dann nicht nur für das betreffende Haus, sondern für Verwandte, Nachbarn, Bekannte ein förmliches Fest, und dieß Fest hieß »la bacharia«. Um den breiten Hackstock in bunter Reihe herumgehend, begleitete man die taktartige, emsige Arbeit, an welcher möglichst Viele theilnahmen, mit hellstimmigem Gesange. »L'otra saira a bacharia« war ein altes Lied, das ich nicht mehr auffinden konnte, nach dessen Melodie aber gar manche andere gedichtet wurden und noch bezeichnet sind. Vielfach findet man dabei auch Anspielungen auf Anwesende und Mithelfende, harmlos natürlich, doch gewiß herzliches Gelächter erregend. Schließlich tritt etwa der Poet hervor und meldet in der Schlußstrophe in scherzhafter Wendung, nun aber sei er fertig, vor allzu großem Durste könne er nicht weiter singen, und gewiß ward ihm schleunig ein Becher feurigen Valtelliners zur Labung. — Für die junge Welt waren dann natürlich die abendlichen Zusammenkünfte zu Gesang, Spiel, Tanz, in älterer Zeit auch eine Art „Spinnstubete" (sogenannte tramelg: — da chaunt, da sôt, da filadè) die Hauptsache. Auch hierauf eigens gedichtete und daraus hervorgehende Lieder sind viele vorhanden. Mit die hübschesten sind die Necklieder und Trutzlieder der Mädchen gegen die Knaben, und wieder der Knaben gegen die Mädchen, aus welchen dann etwa zum Schluß mit beruhigendster Sicherheit hervorgeht, „daß es doch ein fröhliches Ding sei um einen schönen Bräutigam und eine schöne Braut." — In diesen tramegls nahmen dann wohl Abreisende mit einem eigenen Liede Abschied. „Ihr lieben Rosen, helfet mir seufzen; meine Schuhe sind fertig, ich muß von dannen"; — oder die Mädchen wollen finden, es gehe schon zu weit in die Nacht hinein, und singen ein Lied: „Liebe Knaben, nichts für ungut, wir werden schläfrig und morgen ist auch ein Abend" — und sie vergessen nicht, wenn etwa ein Knabe aus einem andern Dorfe dabei sein sollte, ihn besonders freundlich wieder einzuladen, und so manches Andere noch. — Eines dieser Lieder, allgemeiner gehalten, doch, wie mir scheinen will, recht lieblich, füge ich hier bei, wobei wohl als charakteristisch zu bemerken ist, daß auch in andern Liedern die Mädchen den Knaben den Vorzug der Schönheit geben, sich selbst dann vor allen denjenigen der Liebreichheit vorbehaltend.

«S'giavüscb la buna saira,
Vus charinas mattans,
Siand rivats aquia,
Avais da 'ns far bainvgniant.»

«Schi sajan els bainvgniüds.
Quia sün nos tramailg,
La nöbla cumpagnia,
Scodün in special.»

«Eau s'veiva dumandada
'Na vouta par marusa,
Uossa völg far müdada,
E s'giavüschar par spusa.»

«O sulai dell' otezza!
Stailas dalla daman!
Scha no nun vain bellezza,
Schi chiarinezza vain.

Ai bels sun bain ils mats,
E' chiarinas las mattans,
Que ais cuntschaint a tuott,
Eir als pitschens uffants.»

„Ich wünsch' euch guten Abend,
Ihr Mädchen liebevoll,
Da wir hieher jetzt kamen,
So bietet uns Willkomm."

„So seid uns denn willkommen
Allhier in unserm Kreis,
Die edele Gesellschaft,
Und Jeder wie er heißt."

„Ich wünschte euch einmal
Zu meinem Liebchen traut,
Jetzt will ich Aend'rung machen,
Und wünsche euch zur Braut."

„O Sonne in der Höhe!
O Sterne ihr der Früh'!
Und haben wir nicht Schönheit,
So lieben wir doch glüh.

Ei, schön sind wohl die Knaben,
Und lieb die Mädchen sind,
Das wissen ja wohl Alle,
Sogar das kleinste Kind."

Ueber die engadinischen Melodien schreibt mir, der ich wenig Gelegenheit hatte, dieselben zu hören, ein Freund, welchem ich für den Inhalt dieses Vortrages auch sonst vielfach zu Dank verpflichtet bin: „Das engadinische Volkslied hat vorwiegend wirklich eigenthümliche Melodieen. Der Charakter unseres Gesanges ist eher melancholisch, gleichmäßig, ohne starke Uebergänge und Sprünge, aber auch ohne das lange, zitternde Aushalten der Schlußakkorde, wie bei den Italienern. Es geht durchschnittlich rasch vorwärts: da und dort erfordern die Worte, daß mehr Silben ausgesprochen werden, und da hüpft man leicht darüber hin; es wird oft zur melodischen Erzählung." — Zur Vergleichung mit Vorstehendem sei noch aus Anastasius Grün, „Volkslieder aus Krain", Vorwort, folgende Stelle angeführt: „Das Metrum der meisten Lieder ist im Originale sehr ungleichartig, gelockert und zerfallen; vielleicht daß ursprünglich kein strenges Versmaaß eingehalten wurde, und der Text sich geschmeidig nur nach dem Tonfalle der begleitenden Melodie richtete; vielleicht, daß jenes sich auf dem langen Wege der Ueberlieferung im Munde der Sänger oder in den Federn der Copisten auflöste und zerbröckelte."

Die Entstehung der meisten engadinischen Volkslieder ist, wie gesagt, in's achtzehnte Jahrhundert zu setzen. Das älteste unter diesen, für welches ich eine zeitliche Bezeichnung fand, ein satyrisches Gelegenheitslied an die Mädchen von Sils, vielfach vorkommend, stammt aus dem Jahre 1710. Von den eigentlichen Volksliedern allgemeineren Inhalts kennt natürlich Niemand weder die Veranlassung, noch die Ursprungszeit, noch den Dichter: viele findet man, wie immer beim lebendigen Volksgesang, in mannigfaltig abwechselnden und mehr oder minder veränderten Variationen, bald mit andern mehr oder weniger verbunden und verquickt, bald das gleiche Lied in zwei oder mehr getrennten Bruchstücken, öfter Umstellungen der einzelnen Strophen, so daß der Auswahl und Sichtung ein ziemlich weiter Spielraum übrig bleibt. — Erst in den letzten Jahrzehnten der Blüthe engadinischer Volksdichtung tauchen einzelne bestimmte Dichternamen auf. Die eigenthümlichste mir bekannt gewordene Erscheinung ist auch hier, wie bei Verbreitung der Volkslieder fast aller Völker, ein Blinder, Caspar Baß aus dem Münsterthal (l'orb dalla val). Seine eigenen Erfindungen bedeuten freilich nicht eben viel und sind meist voller Abenteuerlichkeiten in Form und Inhalt. Bekannt ist auch der Name des Verfassers eines der vielgesungensten Liedchen, »Bella Rösetta«; es war ein Piderman von Pontresina. Rein lyrisch gehalten, was in den engadinischen Liedern selten vorkommt, klingt es in ladinischer Sprache rührend zart, naiv und einfach, müßte aber gerade dieser äußersten Einfachheit wegen in der Uebersetzung allzuviel von seinem ursprünglichen Reize verlieren. — Anfangs dieses Jahrhunderts hat Johann Baptista Sandri von Samaden noch ein Lied gedichtet, welches zu allgemeinstem Anklange durchdrang, und wohl noch öfters gesungen wird, »Eu sun üna giuvnetta«; doch nähert dasselbe sich schon ganz entschieden der reflektirteren Weise der Kunstdichtung. In dieser letzteren sind dann, seit zwei bis drei Jahrzehnten besonders, Mehrere mit mehr oder minder Glück aufgetreten; doch ist hier nicht der Ort, sich über diesen neuesten und noch in lebhaftem Fortschritt begriffenen dichterischen Aufschwung weiter zu verbreiten. Die eigentliche Volksdichtung ist schon lange verstummt, und wird nicht wieder aufleben. Durch erhöhteren, ganz vorwiegend von deutscher Sprache und Bildung beherrschten Volksunterricht, durch die Einwirkung ganz deutsch gebildeter Lehrer, Pfarrer u. s. w., durch die große Leichtigkeit und Lebhaftigkeit des Verkehrs, immer auffallenderen Zudrang fremder Sitten, Gebräuche und Anschauungen, schreitet das Engadin nunmehr in ganz neuen Bahnen vorwärts, die den jetzigen Zeiten mehr zusagen und ihnen gemäßer sind. Möchten nur die, leider wenigen, noch vorhandenen sprechenden Zeugen des früheren ursprünglicheren Volkslebens, Lieder, Märchen, Sagen, eigenthümliche Gebräuche und Sitten, bevor sie ganz verschwinden, eingesammelt und dem Gedächtnisse bewahrt werden.

Volkslieder

aus dem

Engadin.

I.

«Plaundscher stölg uossa ma dulur
Zuped' aint in mia cour,
Sett ans sum scuors vi con amur,
E me nun he dit our.

Vaiv' ün marus, giuven fich bel,
D'eted da fraisçha rösa,
Mieu cour vers el es sto crudel,
Nun he cret sieus arövs.

Arövs fich bels e dutsch tschantscher;
Inua me ho'l trat via?
Ach, füssest uossa, mia cour cher,
Ach, füssest tü aquia!

Poss bain crider, poss bain larmer,
Ma que ais per ünguotta;
Üngiün nu vain am cuffurter,
Via ais ma spraunza tuotta.

Scha aunchia taunt stess suppurter
La sort nu füss crudella;
O povra me! ch'am stölg clamer,
Ô povra giuvintschella!» —

I.

„Nun klagen muß ich meine Pein,
Die fast das Herz mir bricht,
Schon sieben Jahr trug ich's allein,
Und klagen wollt' ich nicht.

Einst hatt' ich einen Liebsten schön,
Jungblühend wie die Rosen,
Mein Herz war grausam gegen ihn,
Und höhnte nur sein Kosen.

Sein Kosen lieb, sein süßes Wort;
Wohin ist er gezogen?
O wärst du, Liebster, nur nicht fort,
Und wärst mir noch gewogen.

Nun weinen kann, kann jammern ich,
Doch wird es mir nichts frommen;
Wer kümmert sich, und tröstet mich?
Mein Heil ist mir genommen.

Und müßt' ich leiden noch so viel,
So würd' es recht nur sein,
Weil ich mit ihm getrieben Spiel,
Ich armes Jungfräulein!" —

Schand quaist, per guarder, per spatter,
Sün ün ot balcum get ella;
E na dalöntsch vzet ella a gnir
Üna cumpagnia bella.

«O Segner! be chia que füss el,»
Schettl' in sieu cour, «chi gniss!»
Curind getla per dumander,
Scha nun il vessan vis.

«Quel eira bel be scu'l sulailg
Chi splanduresch' al firmamaint,
Sia cour la saira e mamvailg
Sincer sco d'ün infaunt.»

Mo el, santind ün tel discuors,
Cunschet sieu amur cher,
E, schmanchiand vi tuottas erruors,
S'mattet el a crider.

Vzand que guardet ella pü bain,
Cunschet chia d'eira quel,
L'pigliet intuorn culöz cun maun,
E crudet gio sper el.

Per il grand bain e per l'amur
Chia quels duos as purtaivan,
Schmanchiaivan vi tuotta dulur,
E vi e pü s'branclaivan.

Da ging sie hoch auf den Balcon
Um nach ihm auszusehen;
Eine schöne Schaar ganz nahe schon
Sah sie daher dort gehen.

„Nun walt', o Gott, daß er es sei!"
Sprach sie voll Angst und Hoffen;
Und schnell zu fragen lief sie hin,
Ob sie ihn nicht getroffen.

„Der war gleich wie die Sonne schön,
So lauter war er immerdar,
Die glänzend blickt aus Himmelshöh'n,
Sein Herz so kindlich wahr."

Doch er, sowie das Wort er hört,
Erkennend wohl ihr Meinen,
Vergessend was sie einst, bethört
Gethan, bricht aus in Weinen.

Da hat auch sie der Stimme Klang
Erkannt, und die Geberden,
Um seinen Hals den Arm sie schlang,
Und sank dahin zur Erden.

Und darauf Beide, Herz an Herz,
Voll Liebe und Verlangen,
Vergaßen selig allen Schmerz,
Und hielten sich umfangen.

II. *)

Ad eir' una giuvna sün ün marchiô.
Chi bain fluriva, fluriva sco üna rösa;
Co eira ün giuvan fich ot stimô,
Chi'l püschel vaiv' al chapé tachô.

«Sco uondas dall' ova s'ho bain müdô,
Müdô tieu amur in fraidezza;
Sest bain, inua tieu pled m'hest do;
L'hest do aunch' ad üna? a mi cumio?

Nun poass que crair, am fid sün te,
Am lasch sün ta cunscienzchia;
Pigleda m'hest in tuotta fe,
Attestan in tschêl que las stailas.

Scha mias bap füss un grand rich om.
Scha'l purtess chadainas duredas,
Allura forsa arfschess il pom,
Füss degna da't ster paraglieda.

Mo siand mias bap be ün pastur,
Della vischnauncha ün servitur,
Nun hest trupaig tü da'm tradir,
Da tradir a ti ed a tieu amur.

Eu sun povretta, e tü est rich;
Schi d'he mia sprauunza nel paradis;
Eu'm fid sül Segner tuot, mo brich
Nel om pü 'm fid e sia fosded.

*) Arfschaivar, purter il pom, „den Apfel erhalten, tragen," bedeutet: Den Siegespreis erringen, besitzen; vielleicht von einer wirklichen früheren Volkssitte her? (S. S. 27.) In einem satyrischen Liede heißt es sogar für: Der Stolz, der

II.*)

Es war ein Mädchen auf einem Markt,
Die blühte und blühte wie Rosen;
Da war ein Jüngling von stolzem Gut,
Einen Blumenstrauß trug er auf seinem Hut.

„Wie Wellen des Wassers dich ändertest du,
Die Liebe ist all' erkaltet;
Du weißt wohl, wo du mir gabst dein Wort;
Gabst's auch einer Andern? und willst mich fort?

Das glaub' ich nicht, ich glaub' an dich,
Ich baue auf dein Gewissen;
Du nahmst mich ja mit Eid und Treu',
Die Sterne am Himmel wissen's.

Und wäre mein Vater ein reicher Mann,
Und prunkt' er mit Ketten von Golde,
Dann trüg' ich den Apfel wohl in der Hand,
Wäre würdig zu sein deine Holde.

Doch da mein Vater ein Hirte nur,
Ein Knecht des Dorfes nur ist,
So schämst du dich nicht, zu brechen den Schwur,
Zu verrathen mich und die Liebe.

Ja, ich bin arm und du bist reich;
Auf Gott nur will ich vertrauen,
Will hoffen auf sein himmlisches Reich,
Nicht auf falsche Menschen mehr bauen.

Hochmuth herrschen allgemein: la Superbgia porta'l pom.) — A las Agnias, „bei den Erlen" heißt ein der Mitte des Oberengadins einsam stehendes Haus, wo früher die Hochgerichtsversammlungen stattfanden. (Campell, I. 69.)

Sün las Agnias, lo ais ün bel plaun,
Cun bazs s'banescha lo il diaun,
Lo post tü da me at sparaglier,
Lo vegnane ans separer.»

III.

El: Quaist ais uossa la prüma saira
Ch'eu veng qui a tramelg tiers te.
Ella: Leivast gnir pü bod.

Che füss quai stat, scha füss gnü plü bod,
E nu'm avessast lascha gnir aint?
— Leivast provar.

Scha vess provâ e nun vessast laschâ,
Schi vessast tü gnü la raschun.
— Hast rabgia?

Che füss que, scha rabgia ch'eu vess?
Schi pudess eau bain cridar.
— Che giavüschast ad el?

Eu less chia'l fuoss gio'l fuond dal mar,
E ch'eu mai nu'l vazess plü.
— E a mi, che giavüschast?

Eu less tü fuossast sün üna bella plazza.
E ch'eu t'vazess iminchiadi.
— Che vessast lura?

Bei den Erlen, da ist eine schöne Flur,
Mit Geld versammelt man dort das Gericht,
Dort kannst du von mir dich scheiden,
Dort trennen sie uns beide."

III.

Er: Dies ist der erste Abend jetzt,
Daß ich zu Besuch bei dir.
Sie: Wärst früher kommen.

Was wär's gewesen, wenn früher auch,
Und du hättest mich verschmähet?
— Konntest's versuchen.

Hätt' ich's versucht und du mich verschmäht,
Dann hättest du wohl gejubelt.
— Und zürnst du mir?

Was wär's, wenn ich auch zürnte dir?
Was bliebe mir noch, als Thränen?
— Was wünschest du ihm?

Ich wollt' er läg' auf dem Grund des Meers,
Und ich sähe ihn nie mehr wieder.
— Und mir, was wünschest?

Ich wollt', auf einem schönen Platz
Wärst du, und ich sähe dich jeden Tag.
— Was hättest du dann?

Sch'eu t'vzess iminchia minchia di
Schi'm pudess eau adüna allegrar.
— Va, a Dieu.

Schi sta a Dieu, ünguotta in mal,
Eu e tü mai nun ans vezains plü.

IV.

«Guardai mia marusa,
L'ais our in quella prada,
L'ais our in quella prada,
E tü mil'hast pigliada.

La mia marusa ais alba
L'ais alba be sco'l sal,
Cha a la far gnir cotschna
Voul vin ün grand bocal.

La mia marusa ais naira,
Pü naira co'l chiarbun,
Cha a la far gnir alba
Voul aua da savun.

Pür spetta, meis cumpong,
Tü m'hast fat ün grand donn.» —
«Uoi, schi nu sa che far;
Schi nozzas voelg at dar.»

«Eu vless plü jent sentir,
La vera a murir,
La vera gio la fossa,
Co cun fai far nozza.»

Säh' ich dich jeden und jeden Tag,
So könnt' ich mich ewig freuen.
— Geh; lebe wohl.

So lebe wohl, und zürn' nicht schwer,
Wir sehen uns nimmer und nimmermehr.

IV.

„O schaut dort mein Feinliebchen,
Dort drauß auf jenen Wiesen,
Dort drauß auf jenen Wiesen,
Und du hast mir's genommen.

Weiß ist sie, mein Feinliebchen,
Weiß ist sie wie das Salz,
Und um sie roth zu machen
Wills Wein wohl ein Bocal.

Schwarz ist sie, mein Feinliebchen,
Schwarz ist sie wie der Ruß,
Und um sie weiß zu waschen
Will's Seife wohl genug.

Wart' nur, mein Kamerad,
Welch' Leid that'st du mir an!" —
„Ei, was denn soll ich thun?
Komm du zur Hochzeit nun."

„O lieber sie verderben
Säh' ich, sie jählings sterben,
Sie liegen todt im Grabe,
Als mit dir Hochzeit haben."

V.

Cur cha eu spusa sun, che dessa fer?
Arir nun poass'eu brich, crider nun poass'eu fich,
Che dessa fer?

«Ta bella grazchia, tieu charign tschantscher
Ais sto la causa da'm inamurer.»

Quel mieu ster-legier-cour, quel nun ais cò,
Cha'l ais dalöntsch davent e stu ster lò.

Ma cur cha'l vain, schi maina el da'm vstir
Saida o vlüd, que nun se eau da's dir.

Il mieu ster-legier-cour quell ais rivô,
Da'm fer ün vstieu. cha el ho purtô.

El m'ho cumpro da'm fer üna ganella
Garnida intuorn cun'na figna cordella.

El m'ho cumpred'ün bel pêr d'urachins,
O, chi stragliüschan be scu cherubins.

El m'ho cumpreda eir anels d'diamant,
Chi eir stragliüschan scu'l sulailg briglant.

Aunchia duos sairas voul el fer suner,
Per ster alleger e cun me suter.

Mo eu allegra que nu poassa ster,
Schinà mieu cour quel stuess be schluper.

Ed eu que co nu suosçhia brich dir our,
Schina vess ell memma granda dulur.

V.

Wenn eine Braut ich bin, was soll ich thun?
Ach, lachen kann ich nicht, und weinen mag ich nicht,
Was soll ich thun?

„Dein lieblich Wesen, dein sanftmüthig Wort,
Die sind's, die mich zu dir zieh'n fort und fort."

Der so mich liebt und meint, der ist nicht hier,
Noch muß er weilen fern, ja fern von mir.

Doch wenn er kommt, dann bringt er mir ein Kleid,
Von Seiden oder Sammt ist's schon bereit.

Der mich so meint und liebt, nun ist er nah,
Zu einem Kleide hat er alles da.

Hat mir gekauft zu einem Leibchen auch,
Garnirt mit Bändern rings nach neu'stem Brauch.

Hat mir gekauft Ohrringe auch ein Paar,
Die blitzen wie die Cherubim so klar.

Hat mir gekauft auch Ringe vou Diamant,
Die wie die Sonne funkeln lichtentbrannt.

Zwei Abend noch läd't er die Jugend ein
Zum Tanz, um lustig noch mit mir zu sein.

Ich aber, lustig kann ich nimmer sein,
Sonst springt gewiß mein Herz vor lauter Pein.

Und sagen darf ich nicht, was drückt mein Herz,
Sonst wär's für ihn ein allzu großer Schmerz.

VI.

«O chera, o bellà! eu vuless bain ir tiers vus
Quista saira ün po tard,
A tschantschar duos pleds cun vus.» —
— «O mia Sar, vus bel e cher,
Eu s'völg bain paraviser,
Cha davous ma porta
Sto adüna ün homet velg,
Chi pera be cha'l dorma,
Ma l'ho aviert ün ölg.»

«O chera, o bella! eu vuless bain ir tiers vus
Quista saira ün po pü tard
A tschantscher duos pleds cun vus.» —
— «O Sar, vus bel e cher,
Eu s'vȯlg bain paraviser
Cha sü par mieu üsch d'stüva
Lo eisa sett schlupetts,
Ed in ün cha tuchais,
Schi's sbarane tuots sett.» —

O chera, o bella! eu vuless bain ir tiers vus
Quaista saira amo pü tard
A tschantschar duos pleds cun vus.» —
— «O Sar, vus bel e cher,
Eu s'vö bain paraviser
Cha sü par mieu üsch d'chambra
Lo eisa sett pistolas,
In üna cha tuchais
Tuottas sett cunter vus volvais.» —

VI.

„O Liebe, o Schöne! ich möchte wohl zu euch
Auf diesen Abend spät,
Zwei Worte reden dort mit euch.“ —
— „O Schöner, Lieber ihr,
Gebet Acht und glaubet mir,
Hinter meiner Hausthür
Steht ein Männlein grau,
Scheint zu schlafen, doch er
Passet auf genau.“ —

„O Liebe, o Schöne! ich möchte wohl zu euch
Auf diesen Abend später,
Zwei Worte reden dort mit euch.“ —
— „O Schöner, Lieber ihr,
Gebet Acht und glaubet mir,
An der Stubenthüre
Hängen sieben Gewehr',
Wenn ihr eins nur berühret,
Treffen euch sieben schwer.“ —

„O Liebe, o Schöne! ich möchte wohl zu euch
Auf diese Nacht, noch später,
Zwei Worte reden dort mit euch.“ —
— O Schöner, Lieber ihr,
Gebet Acht und glaubet mir,
An der Kammerthüre
Sieben Pistolen sind,
Wenn ihr eine berühret,
Treffen euch sieben geschwind.“ —

O chera, o bella! eu vez cha tuot stravia;
Schi pigliaro mieu gierl,
E giarò a chesa mia.

VII.

Eu am dum tschientmilli buonders,
Cu cha'l muond po pü dürer,
Ün hom velg dad uchaint' ans
Vo tscherchand da's marider.

El giaiva gio par la via
Cun ils mats da cumpagnia,
Inscuntrer cha'l inscuntraiva
A Susanna, bella matta.

«A Dieu, Giunfra Susanna,
Voust tü esser ma marusa?
Scha tü voust esser ma marusa
Schi't voelg der üna bella doatta.»

«Di, o di, o di, tü velg,
Di, che doatta tü'm voust der,
Schi scharò eir eu dalungia,
Schi o na scha't vö pigler.»

«Eu d'he üna scodella ruotta,
Ed üna chevretta zoppa,
Ach, schi di, Giunfra Susanna,
Scha nun he üna bella dotta?

„O Liebe, o Schöne! nur meinen Unstern seh' ich;
So nehm' ich meinen Korb,
Und meiner Wege geh' ich.

VII.

Hunderttausendmal mich wundr' ich,
Wie die Welt noch stehen kann,
Jungfern nach auf Freiersfüßen
Geht ein achtzigjähr'ger Mann.

Und den Weg ging er ganz munter
Mit der Knabenschaft hinunter;
Wem begegnet er geschwind?
Suschen ist's, ein hübsches Kind.

„Ei, willkommen, Jungfer Suschen,
Willst du nicht mein Liebchen sein?
Wolltest du mein Liebchen sein,
Schöne Mitgift ist dann dein."

„Sag', o sag', o sag', du Alter,
Sag', was gibst als Mitgift mir?
Dann dir sag' ich auch sogleich,
Gleich ob ich dich nehmen will."

„Einen Topf in Stücken hab' ich,
Und ein Geislein, das ist lahm,
Ei, so sag' doch, Jungfer Suschen,
Wird die reich nicht, die mich nahm?

Eu d'he quatter faschols coats,
E nun he laina da'ls sçhiuder,
Ach schi di, Giunfra Susanna,
Scha nun he ün bel gianter?

Eu d'he quatter brocs da painch,
Ed ünguotta aluaint,
Ach schi di, Giunfra Susanna,
Scha nu poss bod siner aint?

Eu d'he üna padella ruotta,
Ed üna da cumader,
Ach, schi di, Giunfra Susanna,
Scha nu poss am marider?

Eu d'he üna cuvria ruotta,
E la pell dad ün buochet,
Ach, schi di, Giunfra Susanna,
Scha nun he eir ün bun let?»

«Vo, o vo, o vo, tü velg,
Vo cun tia barba grischa.» —
«O schi vo, Giunfra Susanna,
Cun tias pülaschs in chiamischa.»

VIII.

Ai mo, la figlia dalla mulinera
Ais saimper steda ma marusa chera.

E cur cha giaiva par la dumander,
Schi vaivl' adüna qualchiosa da fer.

Vier gekochte Bohnen hab' ich,
Doch zu wärmen sie kein Holz,
Ei, so sag' doch, Jungfer Suschen,
Ist mein Mahl nicht gut und stolz?

Kübel vier zu Butter hab' ich,
Aber leider nichts darin,
Ei, so sag' doch, Jungfer Suschen,
Welch' ein Eh'mann ich doch bin!

Eine Pfanne brüchig hab' ich,
Und die and're ist zerstückt,
Ei, so sag' doch, Jungfer Suschen,
Wird mein Weibchen nicht beglückt?

Eine Deck' in Fetzen hab' ich,
Und von einem Bock das Fell,
Ei, so sag' doch, Jungfer Suschen,
Ist mein Bett nicht gut bestellt?"

„Geh', o geh', o geh', du Alter,
Geh' mit deinem greisen Bart." —
„Ei, so beiße, Jungfer Suschen,
Meister Floh dich ungespart."

VIII.

Ei ja, das Töchterlein der Müllerin,
Das lag schon lang mir immerfort im Sinn.

Und wenn ich hinging, sie zu fragen, war
Etwas im Haus zu schaffen immerdar.

E cur cha giaiva vi par la raspoasta,
Schi vaivl' adüna bain sarô la porta.

»Marusa chera, ve be our da porta,
E dom a me üna buna raspoasta.«

»Our stün ma porta cha poss bain river,
Ma madinà cha num voelg marider.

Tü dist adüna, ch'eu nu saia netta;
Nun he êr saira lavô la planetta?

Tü dist adüna, ch'eu nu fatsch ünguotta;
Nun he êr saira cuschinô la giuotta?

Tü dist adüna, ch'eu nu saja davaglia;
Nun he êr saira lavô la tuaglia?

Schi uossa vo tü pür eir par tas vias,
E scha survengst, schi drizzat cumpagnia.«

IX.

Ad eis gnieu giô la greva
Ed ho schgiüzzo la fotsch,
Imminchia fotschiglieda
Voul eir üna giüzzeda.

Mieu marus ais ün giuven pussaint,
El ais patrun dell 'ova e sarvitur del vent.

Mia marus ais ün fich bel giuvnet,
L'ais zop e gob, e strozchia il pe dret.

Und wenn ich hinging mir die Antwort holen,
Schloß immer zu die Thür sie unverholen.

„Mein liebes Lieb! so komm nur an die Thür,
Und biet' eine gute Antwort mir herfür."

„Zur Hausthür komm' ich dir ja wohl noch her,
Allein zum Mann dich will ich nimmermehr.

Du sagst mir stets, ich schaff' um keinen Heller;
Spült' ich nicht gestern Abend noch den Teller?

Du sagst mir immer, ich sei nicht die Erste;
Kocht' ich nicht gestern Abend noch die Gerste?

Und immer sagst du, ich sei lang nicht frisch g'nug;
Wusch ich nicht gestern Abend noch das Tischtuch?

So geh' du jetzund deines Wegs und wand're,
Und such' dir, wenn du findest, eine And're."

IX.

Der Bergschutt ist herunter,
Die Sense schneid't nicht mehr;
Sie will bei jedem Schwingen
Fast gar zu Stücken springen.

Mein Liebster, das ist ein ganzer Prinz,
Ist Herr des Wassers und Knecht des Winds.

Mein Liebster ist ein prächtiger Kerl, ich meine,
Ist schief und bucklig, und lahm am rechten Beine.

Del rest füss el tuot saun da sia vitta,
Mo'l guarda guersch our sur la spedla dretta.

Il mieu marus, quel m'ho scrit üna letra:
Cha el num voul, cha sum memma povretta.

Ed eu l'he scrit aunchia üna pü isaleda:
Cha 'l giaia as fer arder, cha sun marideda.

X.

«Ajo, co chi boffa,
E soffla d'intuorn,
Ajo, co chi naiva,
La naiv svoul'intuorn.

Tant spert co ch'eu possa
Voelg provar dad ir;
Eu veng, o tü chara;
Che am po seguir?

Eu tem cun radschun
Chi nun saja avert;
Chi sa sch'ella avra
Siand usche tard?

Eu veng cun algrezchia
Alla porta a pichar,
La mia chiarischma
Vain our a guardar.

Im Uebrigen ganz frank und frei sich hielt' er,
Nur über die rechte Achsel krumm hin schielt er.

Mein Liebster, o! der schreibt mir jetzt ein Briefchen:
Er woll' mich nicht mehr, ich hab' ja kein Bischen.

Und ich hab' ihm geschrieben noch viel gelenker:
Ich hab' schon einen Mann, er soll zum Henker.

X.

„Ajo, wie es windet
Und stürmt rings umher,
Ajo, wie es schneiet,
Der Schnee fliegt umher.

So rasch als nur möglich
Versuch' ich zu geh'n,
O Liebchen, ich komme:
Und was wird gescheh'n?

Ich fürchte, ich fürchte
Ihr Haus ist jetzt zu;
Und läßt sie sich stören
So spät in der Ruh?

Und komm' ich mit Freuden,
Und poch an die Thür,
Mein Liebchen, mein Liebchen
Nun schaut es herfür.

«Chi picha usche tard?».
O tü chara vusch!
Pür ve gio e derva,
Țeis marus es dschtrusch. —

Mo inua ais la strada?
Mo Dieu! scha'm pardess!
E pro mia chara
Rivar nu pudess.

Ach na, ach na, Segner,
Aut saiast ludâ,
Chi's vezza la chasa
Ingio ella sta.» —

Siand ünzacura
Nel lö arriva
La porta averta
Ha el la chiatta.

Rivet aint in stüva,
Guardet cun amur,
Sün sia chiarina
Chi sta cun stupur.

Sü dal mulinè
Per al dir bainsan;
Mo el la branclet,
E bütschet dalun.

„Wer pocht noch so späte?“
O Stimme wie Gold!
O komm nur und öffne,
Hier steht der dir hold. —

Wo sind nur die Pfade!
O Gott, ging ich irr!
Und käm' nicht zum Liebchen
Durch all das Gewirr.

Ach nein, ach nein, Himmel,
Hoch seist du gelobt,
Schon sieht man das Haus ja,
Wo Liebchen mir wohnt.“ —

Und wie er nun endlich
Dem Hause ist nah,
Die Thüre geöffnet
Wohl findet er da.

Nun schnell in die Stube,
Und siehet sich um,
Da sitzet sein Liebchen
Vor Staunen ganz stumm.

Da stehet vom Spinnrad
Sie auf nun und grüßt,
Da hat er umarmend
Sie herzlich geküßt.

«Mo di'm, tü mieu char,
Mo di'm la vardat,
Che t'ha commovü
Da gnir usche tard?

Chi t'ha commovü
Da gnir usche tard
In quaista burrasca
Pro mai a tramalg?»

«Be tü, o chiarischma!
Ch'eu sto confessar
La grandissma amur
Chi'm voul consümar.

Be tü est ma vitta,
Tü füssast ma mort,
Sch'tü schessast: «banduna'm
Tschercha üna otra sort.» —

Anetta disch lura:
«Nun tmair, mieu cour char,
A saimper e saimper
Vegn eu at amar.

Co est il mieu maun,
Co est il mieu cour,
Eu sgiür sun l'Annetta
Chi t'ama trasour.» —

„Ach sage mir, Liebster,
Doch sag's mit Bedacht,
Was treibt dich zu kommen
So spät in der Nacht?

Was treibt dich zu kommen
So spät in der Nacht,
In Sturm und in Wetter
Zur traulichen Wacht?" —

„Nur du, o du Liebste!
Mir wacht im Gemüth
Die mächtige Liebe
Die ganz mich durchglüht.

Nur du bist mein Leben,
Und wärest mein Tod,
Verstießest die Hand du
Die Liebe dir bot." —

Und Annchen darauf ihm:
„O fürchte nur nicht,
Denn nimmer und nimmer
Mein Treuwort zerbricht.

Hier hast meine Hand du,
Hier hast du mein Herz,
Dein bin ich, dein Annchen,
In Freud' und in Schmerz." —

Co tschainten insembel
Quist pêr dad amur,
E giodan insembel
L'algrezchia in lur cour.

Els laschan chi schbischa
E boffa d'intuorn,
E stan aint in stüva
E s'branclan intuorn.

XI.

Tuotta not eu m'insömgiaiva
Cha giaiva our in que zardin,
E chiattaiva ün bel tresor
Ai, süsom que frusçherin.

Bel tesor implantô our,
Chi faiva allegrer il cour;
Co volvet mieus oelgs in via
E vzet lo mieu amur cher.

Dalla granda allegria
Am mattet eu a crider,
Gio d'mias oelgs crudaivan larmas,
Schi craschivan bellas fluors.

Schi craschivan bellas fluors,
Alvas, cotschnas, da culuors;
Las pigliet in mieu scassêl,
Las purtet a mieu amur cher.

Da sitzen zusammen
Sie liebebewußt,
Genießen zusammen
Die herzlichste Lust;

Und lassen es stürmen
Und sausen ringsum,
Verschränkt umeinander
Die Arme herum.

XI.

Hab' geträumt die ganze Nacht durch
Daß ich in den Garten ginge,
Dorten fand ein schönes Kleinod,
Oben an dem Sträuchlein hing es.

Schönes Kleinod, schöner Schatz,
Drob mein Herz ward fröhlich ganz;
Da die Blicke seitwärts wandt' ich,
Und den Herzgeliebten sah ich.

In der übergroßen Freude
Fing ich gleich zu weinen an,
Von den Augen fielen Thränen,
Schöne Blumen wuchsen da.

Dorten wuchsen schöne Blumen,
Weiße, rothe, farbig bunte;
In die Schürze gleich gesammelt
Bracht' ich sie dem Liebsten dar.

E da taunta allegria
As mattet el a crider.
«Chera, bella, s'ispiè,
S'ispiè üna marussa.

Bella sai'la be sco vus,
E chiarigna be sco eau.» —
«Sar vus bel, eu s'di da prus,
Cha l'ais poch dalöntsch da vus.»

«Ai schi saja, ai schi via,
Schi saregias tuotta mia.»
Co la dettl' ün per anells
Plajos aint in taunt bindels.

Co la dettl' ün per fazöls
Ed ün bütsch, ma bain da cour;
«E scha'd essas eir cuntainta,
Vulains dalum siner aint.»

«Quista saira ais memma tard,
Vulains lascher d'üna vart,
Lascher fin damaun marvailg,
Cha la not vain bun cussailg.»

Und vor übergroßer Freude
Fing er gleich zu weinen an.
„Liebe, Schöne, denket euch,
Denket euch für mich ein Liebchen.

Lieblich sei sie gleich wie ihr,
Und so liebevoll wie ich.“ —
„O ihr Schöner wahrlich sag' ich
Seht, sie ist nicht fern von euch.“

„Nun so ist's und soll so sein,
Mein nun seid ihr, ganz nun mein.“
Da mir gab er ein paar Ringe,
Schön in Bänder eingewickelt.

Da mir gab er ein paar Tücher,
Einen Kuß von Herzen glühend;
„Und wenn ihr zufrieden seid,
Sei die Hochzeit gleich noch heut.“

„Diesen Abend ist's zu spät,
Lassen wir es sein für heut,
Lassen wir's bis Tag erwacht,
Guten Rath ja bringt die Nacht.“

XII.*)

Chi me ais que famailg
Chi's leiva usche manvailg
Cun la staila dal sulailg?
Chi me ho'l par marusa?

L'ho zuond üna bella matta;
Ma da seis bap ho ella artô
Bain üna pitschna dota:
Sulet ün êr chi rösas ho portô.

«O bella matta, voust am der
Üna bella rösa da tieu êr?» —
«O madinà cha nu farò,
Cha mieu bap m'ho scumando.» —

«Nu voust tü ma marusa gnir?» —
«Aunt cu quella eu dvanter,
In ün graunet am voelg cunvertir,
Ed in la terra am voelg zuper.»

«Scha tü voust gnir ün bel graunet,
Ed in la terra at voust zuper,
Voelg eau gnir ün utscheet,
Ed our dalla terra at voelg picler.»

*) Ein im Grundgedanken ähnliches, sehr liebliches und phantastisches Volkslied aus der Provence («O Magali, ma tant amado!») welches aber doch nicht so schön und rein

XII.

Wer mag der Bursch wohl sein,
Der schon bei Sternenschein
Aufsteht, und geht feldein?
Wer ist denn nur sein Liebchen?

Ein gar zu schönes Mädchen;
Doch eine Mitgift klein genug
Von ihrem Vater erbte sie:
Einen Acker nur, der Rosen trug.

„Du schönes Mädchen, gibst zur Zier
Von dem Garten dein eine Rose mir?“ —
„Das thu' ich nicht, o nein und nein!
Mein Vater hat mir's verboten fein.“

„Und willst du nicht mein Liebchen sein?“ —
„Eh' ich das will, will ich
Ein Körnchen werden und mich
Verbergen in die Erde hinein.“

„Wirst du auch ein Körnchen,
Birgst in die Erde dich,
Will ich sein ein Vöglein,
Das heraus dich pickt.“

---

ausklingt, wie dieses, hat Frederi Mistral in sein vielgefeiertes idyllisches Epos «Mirèio» im dritten Gesange eingeflochten. (S. a. S. 27.)

«Ün utscheet scha tü voust gnir,
Ed our dalla terra am voust picler,
Voe 'm convertir in chiamuotschet
Ed in la cripla am voelg risçher.»

«Füssast tü ün chiamuotschet,
Per in la cripla at risçher,
Voelg esser eu ün chatschedret,
Ed our dalla sassa at voelg claper.»

«In chatschedret t'voust convertir,
Ed our d'la sassa am voust claper,
Schi voelg eu gnir üna bella rösa,
Ed in la plazza am voelg plazzer.»

«Scha tü füssast üna rosa
Ed in la plazza at voust plazzer,
Ün cumpredar voelg eu gnir,
Gio dalla plazza t'acquister.»

«Scu cumpredar voust tü gnir,
Gio dalla plazza am voust cumpreř,
Voelg in aunglet am convertir,
Ed aint in tchêl am voelg retrer.»

«In ün aunglet t'voust cunvertir,
Ed aint in tschêl voust at plazer,
Schi voelg ün otr'aunglet eu gnir,
E svess in tschêl at voe brancler.»

„Willst du sein ein Vöglein,
Das heraus mich pickt,
Bin ich dann ein Gemslein,
Das auf den Bergen springt.“

„Wärest du ein Gemslein,
Das auf den Bergen springt,
Will ich sein ein Jäger,
Der in die Felsen dringt.“

„Willst du sein ein Jäger,
Der in die Berge dringt,
Bin ich eine Rose,
Auf den Platz bestimmt.“

„Wärst du eine Rose,
Auf den Markt bestimmt,
Will ich sein der Käufer,
Der vom Platz dich nimmt.“

„Willst du sein der Käufer,
Nimmst vom Platz mich gleich,
Bin ich dann ein Englein
In dem Himmelreich.“

„Bist du auch ein Englein
Hoch im Himmel, ich
Küß' als and'rer Engel
Selbst im Himmel dich.“

Druck von Fr. Wolff in Straßburg. — 1290.

FSC
www.fsc.org
MIX
Papier | Fördert
gute Waldnutzung
FSC® C083411

Kolibri 360 GmbH
Ferdinand-Jühlke-Straße 7
99095 Erfurt, Deutschland
produktsicherheit@kolibri360.de